畜禽病经效土偏方

（第二版）

王钧昌　编著

金盾出版社

内 容 提 要

本书由宁夏大学农学院牧医系王钧昌教授编著。书稿在原《畜禽病土偏方治疗集》的基础上,经过作者多年的诊疗实践,筛选了原有处方,又收集增补了全国各地发表的安全有效土偏方汇集而成。在本次修订过程中,应广大读者的需要,补充了病因、病原以及生偏药的别名、异名。书中共选编 126 种疾病,2 200 多个方剂。所用药材大多简单、方便、价廉、易得。可供广大农牧民、养殖户及畜牧兽医技术人员阅读参考。

图书在版编目(CIP)数据

畜禽病经效土偏方/王钧昌编著 . —2 版 . —北京:金盾出版社,2015.11 (2017.7 重印)
ISBN 978-7-5082-9139-0

Ⅰ.①畜… Ⅱ.①王… Ⅲ.①中兽医学—土方—汇编 Ⅳ.①S853.92

中国版本图书馆 CIP 数据核字(2014)第 009511 号

金盾出版社出版、总发行
北京太平路 5 号(地铁万寿路站往南)
邮政编码:100036 电话:68214039 83219215
传真:68276683 网址:www.jdcbs.cn
封面印刷:北京军迪印刷有限责任公司
正文印刷:北京军迪印刷有限责任公司
装订:北京军迪印刷有限责任公司
各地新华书店经销
开本:850×1168 1/32 印张:8 字数:202 千字
2017 年 7 月第 1 版第 8 次印刷
印数:66 001~69 000 册 定价:22.00 元

(凡购买金盾出版社的图书,如有缺页、倒页、脱页者,本社发行部负责调换)

再版前言

《畜禽病经效土偏方》自 1998 年 11 月初版以来，已印了 2 版册，这次修订，根据广大读者的意见，补充了病因、病原，对生偏药名增加了别名和异名，有的还做了解释和说明，对有毒的药物剂量调至安全范围，同时还删减了一些内容。

中兽医学术具有悠久的历史，数千年来，我国劳动人民在与家畜疾病进行斗争中，积累了丰富的经验和理论知识。中兽医学主要包括"医"和"药"两部分。"药"包括药物和方剂，方剂有正规方、偏方和土方 3 类。土偏方是广大群众喜欢使用的，它既简便有效，又易就地取材。组成这些土偏方的药物，有些是到处可见，随手可得的中草药，有些本来就是人民日常食物的一部分，这些被证明能够治病的土偏方，是祖国文化遗产的重要组成部分，是值得提倡和研究应用的。

《畜禽病经效土偏方》一书，是笔者在 1981 年由宁夏人民出版社出版的《畜禽病土偏方治疗集》（裴文炳、王钧昌编著，裴先生已于 1986 年病逝）的基础上，经过多年的诊疗实践，筛选了原有的处方，又收集增补了全国各地发表的、安全有效的土偏方汇集而成，所以，本书也是群众智慧的结晶。

这次再版书中主要选编了治疗大家畜牛、马、骡、驴和中家畜羊、猪等疾病的土偏方，也选编了部分治疗小动物兔和家禽疾病的土偏方，共选编疾病 126 种，土偏方 2 200 多个。

由于笔者水平有限，缺点或错误之处难免，希望读者指正。

编 著 者

目 录

畜禽病经效土偏方

第一章 消化系统疾病土偏方

一、口炎（口疮）

【病　因】　原发性口炎，常由各种损伤引起。例如，各种机械的、化学的或温热的刺激，使口腔黏膜遭受损伤。吃食粗硬或有毒植物，以及饲料中含有大量毛虫或霉菌等，也能引起本病。继发性口炎，多由更换牙齿、邻近器官发炎蔓延而发生。患有消化障碍、咽喉疾病和某些传染病时，也常能继发口炎。

【症　状】　卡他性口炎：口腔黏膜潮红、肿胀、增温，流涎，呈白色泡沫状附于口唇边缘或呈牵丝状下垂，有灰白色舌苔，口臭，切齿后方硬腭黏膜肿胀特别明显。水疱性口炎：在口角处、唇内面及舌缘处发生小结节，小结节破溃后形成小的烂斑。羊口疮严重时唇、鼻、口角都起疱。马的溃疡性口炎，常在口腔黏膜上形成数个经久不愈的大的溃疡。

【治　疗】　可选用下列处方：

方1　取经日晒夜露之西瓜皮，研末后加少许冰片，涂抹患部，每日数次。同上药可用蜂蜜调成稀膏涂抹，每日2次。

方2　儿茶3份，柿霜5份，冰片、枯矾各2份。共研细面，撒在溃疡面上。

方3　黄柏适量，加蜂蜜少许，用铁锅微火略炒。按口疮面大小适量敷之，每日1～2次，一般3～5次可愈。

方4　生姜捣烂取汁涂患部，或干姜（炒黑）6份，黄连1份，共为细末，或干姜、黄柏等量研细末，搽患部。

方5　百草霜（别名锅底灰、锅底烟墨）20份，加食盐3份，共为末，涂患部；或百草霜5份，冰片1份，共研细末，5％盐水洗口腔后涂布。

方6 白矾(别名明矾、矾石,火煅后成枯矾)、食盐等份,共研细末涂患部;1%白矾液洗口腔。止涎。

方7 1%食盐水或2%～3%小苏打液,每日数次洗口腔。

方8 鲜桑树汁(切开桑树皮,渗出树汁)适量,涂抹患部,每日数次。涂汁后再撒上研细的百草霜适量,效果更好。

方9 大黄、甘草各等量,加水煎成浓汁洗涤患部,再用大黄煅炭研末,涂撒烂处。

方10 向日葵秆芯适量,烧炭研末,用香油调成稀糊,涂于患部,日夜数次。

方11 霜后茄子,晾干研末,撒于患部,每日3次。

方12 白扁豆50克,熬汁洗创面,然后将黄连、冰糖各等份研成的细末撒患处。

方13 青黛31克,冰片3克,共研末,敷患部。

方14 柿霜2份,薄荷1.5份,冰片0.5份,共同混研细末撒于患部,每日数次。

方15 血余炭(别名人头发灰、血余灰)适量研末,用猪油调成稀糊,抹于患部,日夜各1次。

方16 石膏、旋覆花(别名黄熟花、金钱花、六月菊,其茎叶名旋覆梗、金沸草)煅存性各等份,共研细末,香油调抹患部,日夜数次。

方17 大黄2份,炒食盐1.5份,枯矾1份,共研细末,撒于患部,每日数次。

方18 侧柏枝(烧炭存性)2份,枯矾1份,共研细末,撒于患部,每日2次。

方19 山羊胡须(烧炭存性)1份,山羊角(烧炭存性)2份,共研细末,用植物油调抹患部,每日3次。

方20 碱面适量,撒于患部后再涂一薄层蜂蜜,每日2次。

方21 百草霜20份,人中白(尿沉结的固体物即尿壶垢)1

份,骨头焙干 10 份,共研细末。用盐水洗净患部,撒上药末。

方 22　蟾蜍(癞蛤蟆)1 个(阴干焙焦),冰片 3 克,共研细末,患部洗净后撒上药末。

方 23　人中白 1 份,香油 5 份,调成稀糊,涂患部。

方 24　生姜 30 克,绿豆 100 克,大枣 30 枚,加水煎汁,灌服。

方 25　茜草根(别名血见愁、过山龙)50～100 克,马病煎汁内服。

方 26　石榴皮适量,煅炭,研细,搽口内,每日 2 次。

二、食管梗塞(草噎)

【病　因】　食管梗塞多在劳役后,家畜饥饿,吞咽太猛,致使草涎相裹,成为草团而噎塞于食管。饲喂家畜比较喜爱的块状饲料,如马铃薯、甜菜、生地瓜等,由于抢食忙于吞咽,很容易发生本病。此外,食管有病(如狭窄、麻痹等)的家畜,也容易发生本病。

【症　状】　病畜突然停食,不安,咳嗽,摇头伸颈,流涎并有干呕和吞咽动作。牛常发生肚胀;马喝水从口、鼻逆流而出;猪常垂头张口,流涎气短。病程较长且脱水时,唾液流出渐减。颈部食管梗塞,触诊可摸到梗塞部,并有疼痛反应;胸部食管梗塞,触压有轻微波动感。食管探诊时,胃管插至梗塞部有抵抗感觉,病畜表现剧烈疼痛。

【治　疗】　主要是消除病因,加强护理,治好炎症。

方 1　当梗塞发生不久,梗塞物仍在咽部或上部食管时,可用手沿食管向咽部方向推动,将梗塞物缓慢推出。也可灌入香油或白酒或煎竹叶汁少许,再挤压阻塞物。

方 2　将缰绳短拴在后肢系凹部,尽量使畜头下垂,然后驱赶患畜快速前进,往返运动 20～30 分钟,借助于颈肌收缩,往往可将梗塞物送入胃内而治愈。

方 3　胸部食管阻塞时,插入胃管灌入少量油类,将阻塞物推入胃内。如推不动时,可在胃管外端接唧筒式灌肠器的接头,灌肠器放入水盆内连续向食管中打水,以便冲除阻塞物。也可将胃管接上打气筒,向食管内打气,乘食管扩张时推进胃管,将阻塞物推入胃内。

阻塞物排除后,1～2日内停喂草料,可喂少量稀粥或麸皮水,待炎症消失后再喂草料。无胃管时,也可用粗如手指的新麻绳蘸油或涂上凡士林,插入食管推送阻塞物。此法要慎重试用。

三、消化不良

【病　因】　消化不良是由于草料质量不良,如腐败发霉或过度粗硬的饲料,容易损伤胃肠而发生轻度炎症;饲养管理不当,如突然改变草料或采食过多精料,饲喂后立即服重役或重役后立即饲喂等;运动及饮水不足,长期休闲或劳逸不均,胃肠消化功能降低。饮水不足,使消化液分泌减少,促使本病发生;继发性消化不良,常见于胃肠道寄生虫病、腹痛病、过劳和骨软症等经过中。营养不良,老弱幼畜及有牙齿病的家畜容易发生消化不良。

【症　状】　食欲减退,肠音不整,排粪迟滞或腹泻,口腔湿润或干燥,舌面有舌苔,有的出现轻微腹痛。全身症状多不明显。

【治　疗】　可选用下列处方:

方1　大蒜70克,白萝卜500克,捣碎混匀。大畜每日1次灌服,中畜服1/2量,小畜服1/5量,5日为1个疗程。

方2　鲜马齿苋(别名酱板草、蚂蚱菜、五方草、长命菜、胖娃娃菜)1千克,鲜蒲公英500克,捣烂混匀内服或煎汁内服。大畜每日1次灌服,中畜服1/2量,小畜服1/5量,5日为1个疗程。

方3　高良姜、海螵蛸(别名乌贼骨、墨鱼骨)各66克,白及、石菖蒲各33克,共研细末,沸水冲调。大畜每日1次灌服,中畜服1/4量,小畜服1/10量,5日为1个疗程。

方4　大蒜99克,黄连33克,共同捣烂混匀,沸水冲调。大畜每日 1 次灌服,中畜服 1/5 量,小畜服 1/10 量,5 日为 1 疗程。

方 5 肉豆蔻、生姜各 33 克,小茴香、黄米锅巴各 132 克,共研细末,沸水冲调。成骆驼每日 1 次灌服,5 日为 1 个疗程。

方 6 丁香、草果仁各 17 克,萝卜、小米各 1 千克,共同捣碎煮熟,连汤候温。0.5~1 岁驼羔每日 1 次灌服,5 日为 1 个疗程。

方 7 当归、白胡椒各 10 克,生姜 17 克,红糖 33 克,加水煎汁适量。成年猪、羊每日 1 次灌服,4 日为 1 个疗程。

方 8 生姜 17 克,葱白 30 克,生白萝卜 250 克,共同炒热后包干净布中拧汁。成年猪、羊每日 1 次灌服,幼小畜酌减,拧汁后的药渣连布扎敷肚脐部。4 日为 1 个疗程。

方 9 五灵脂(别名蝙蝠科寒号鸟粪)17 克,炒莱菔子(别名萝卜子)33 克,共同煎汁 2 次,混合汁约 250 毫升。成年猪、羊每日 1 次,适温灌服,仔畜酌减,4 日为 1 个疗程。

方 10 芒硝 200~300 克,香油 250 毫升,加水 2.5 升。大畜 1 次灌服。粪干结时用。

方 11 5% 盐水 2~3 升。大畜 1 次灌服。粪干结时用。

方 12 大蒜 5~10 头,捣碎加水适量。大畜每日 1 次灌服,猪酌减,4 日为 1 个疗程。

方 13 木炭末 32~62 克,或百草霜 20~34 克,沸水适量冲调,候温。大畜每日 1 次内服,4 日为 1 个疗程。用于水泻。

方 14 小苏打、芒硝各等份。病猪每次服 32 克,用 0.5 升沸水冲调,候温灌服,也可喂服。粪干结时用。

方 15 醋 250~500 毫升,加水 0.5 升。大畜每日 1 次内服,5 日为 1 个疗程。用于消化功能紊乱,以胃为主的消化不良。

方 16 小苏打、食盐各 50~80 克,大蒜 4~6 头(捣碎),灶心土(别名伏龙肝)24~50 克,陈皮粉 20~30 克,加水 1 升。大畜每日 1 次灌服,中畜服 1/2 量,小畜服 1/10 量。用于肠功能紊乱为主的消化不良。

方 17 焦椿树皮 130 克,焦黑豆 500 克,伏龙肝 100 克,共研细末,沸水冲调,候温。大畜每日 1 次灌服,5 日为 1 个疗程。粪稀溏时用。

方 18 砖茶 30～150 克,研成细末,沸水冲调,候温。大畜每日 1 次灌服,5 日为 1 个疗程。粪稀溏时用。

方 19 红高粱 0.5～1 千克,炒黄做成稀粥。大畜 1 次灌服,3 日为 1 个疗程。粪稀日久体虚时用。

方 20 生姜、大枣各 100 克,焦山楂、红糖各 130 克,加水煎汁 2 次混合,共约 1 升,候温。大畜 1 次灌服。

方 21 炒白面 1 千克,白矾 100 克,炒盐 16 克,研细混合。大畜每次用 1/3,加沸水调成稀粥,候温灌服,每日 1～3 次,3 日为 1 个疗程。粪稀体虚时用。

方 22 食用油 35～160 毫升。1 次给猪灌服或喂服。粪干结时用。

方 23 柿饼 5～10 个,捣碎沸水冲调。大猪每日 1 次混饲,5 日为 1 个疗程。粪稀时用。

方 24 炒高粱面 130 克,木炭末 35 克,百草霜 15 克,沸水冲调,候温。大猪每日 1 次灌服或喂服,4 日为 1 个疗程。胃肠虚弱泻泄时用。

方 25 火麻仁(别名麻籽仁、大麻仁)65 克研末,沸水冲调,候温。大猪每日 1 次灌服或喂服,3 日为 1 个疗程。粪干结时用。

方 26 醋 65 毫升,食盐 16 克,混入饲料中喂猪,每日 1 次,5 日为 1 个疗程。

方 27 莱菔子 30 克研末,沸水适量调稀,候温。大猪每日 1 次灌服,3 日为 1 个疗程。腹胀腹疼时用。

方 28 白萝卜 500 克,食盐 6 克,加水煎汁约 0.5 升,候温,大猪每日 1 次灌服,4 日为 1 个疗程。

方 29 伏龙肝、红糖各 65 克,小茴香 30 克,共研细末,沸水冲调,候温。大猪每日1次灌服,5日为1个疗程。粪稀腹胀腹痛时用。

方30 熟鸡蛋2个,生姜30克,共同捣和。大猪每日1次灌服,3日为1个疗程。粪稀、胃肠虚弱时用。

方31 大蒜30～60克,鲜苦菜100～150克,白酒30～50毫升,混合捣碎,沸水适量冲调,候温。大畜每日1次灌服,3日为1个疗程。

方32 枣树皮烧黑存性,百草霜、白头翁(别名毛姑朵花,奈何草,白头翁的干燥根)炒黄各等份,共研细末。成年猪、羊每次用35克,沸水冲调,候温灌服,每日2次,4日为1个疗程。粪稀溏时用。

方33 百草霜35克,掺入饲料内喂服。猪、羊每日1次,至粪稀转为正常为止。

方34 大蒜15克捣碎,猪苦胆1个,绿豆面适量,共同混合,做成杏核大的药丸。成年猪、羊每次灌服1丸,每日2次,3日为1个疗程。

方35 石榴皮25克,煎汁2升,乘热加入高粱面0.5千克,木炭末10克,调成稀粥。大猪每日1次混饲,3日为1个疗程。粪稀时用。

方36 鸡内金(别名鸡肫皮)15个(炒黄),莱菔子30～50克,麦芽50～80克。共研末加水大畜一次灌服。

方37 韭菜800克,食盐60克。调和后大畜1次喂服。

方38 鸡内金15克,小茴香10克,共研末混食内给猪1次喂服。

方39 莱菔子50克,食盐25克,醋50毫升。莱菔子研末加盐、醋给猪喂服。

方40 苍术30克,厚朴40克,陈皮35克。煎汁,猪1次内服。

方41 生萝卜500克,生姜15克,食盐2克,瓜蒌2个,煎汁去渣,加酱油30~60毫升,给猪1次喂服。

四、急性胃卡他

【病 因】 急性胃卡他是胃表层黏膜的一种炎症。原发性急性胃卡他多由齿病和饲养上的错误,如不规律的饲喂,饲料骤然变换,饲喂霉烂腐败的饲料,贪食和喂得过饱而引起。

【症 状】 食欲减少,便秘和精神忧郁。病畜完全不吃或吃得很少,饮水也少。常有食欲错乱和异嗜癖的病状。打哈欠,卷上唇,口臭,多黏涎,偶有轻微肚痛。胃寒时口色淡白无光泽,苔薄白,脉迟细;胃热时口色红燥,苔薄黄,脉细数。肠蠕动微弱,排粪困难,粪便干小,呈暗色,表面被有薄层黏液。尿量减少,体温正常,有时稍升高(0.2℃~0.5℃)。脉搏稍增加,心律失常。

胃酸过多性胃卡他可闻到口腔有一种难闻的、带有甘臭的气味,口腔稍湿润。胃酸减少或胃酸缺乏性胃卡他病畜口腔有腐败的气味,口腔黏膜干燥。

反刍动物真胃急性卡他,可见反刍缓慢或停止,不断嗳气,瘤胃运动减弱。触诊真胃,明显胀大,鼻镜干燥,泌乳量减少。病畜很快脱水,精神沉郁,结膜潮红,粪球干小、被覆一层光亮的黑色薄膜。

【治 疗】 可选用下列处方:

方1 大蒜3~5头,捣为蒜泥,食盐50克,白酒200毫升,用水调和后,大畜1次灌服。

方2 炒谷子及高粱各250克,混合后分2次喂大畜。

方3 猪胰脏1个(捣碎),猪苦胆(用汁)1个,食盐50克,温水冲调。大畜1次灌服,中畜服1/2量。慢性患畜同方分2次服,间隔12小时,连用5天,中畜用1/5量。

方4 姜100克,鲜萝卜250克,切为细末,加红糖200克,沸水冲调,候温,大畜1次灌服。

方5 艾叶15克,伏龙肝150克,共煎汁1升;生姜15克,生葱100克,大蒜40克,共捣碎,混入上述药汁中,候温。大畜1次灌服,隔日1次,4次为1个疗程。治胃寒肚疼不食。

方6 葱白60克,炒盐30克,神曲60克,共同捣碎,再加入醋300毫升,红糖120克,水1升,煎沸,候温。大畜每日1次灌服,7日为1个疗程。胃寒不食、粪干稀交替时用。

方7 椿树籽500克,大黄50克,共研细末,加麻油300毫升,沸水冲调,候温。大畜1次灌服。胃热粪干结时用。

方8 干柿子150克,车前子130克,高粱根灰100克,白糖150克,共研细末,沸水冲调,候温。大畜1次灌服,5日为1个疗程。胃热腹泻时用。

方9 炒白术18克,生扁豆15克,紫皮蒜30克,厚朴10克,共研细末,沸水冲调,候温。猪、羊1次灌服,7日为1个疗程。

方10 大蒜20克,黄柏18克。共同捣碎,用高粱面粥1碗调匀。猪、羊隔日1次灌服,10日为1个疗程。骆驼服8倍量。胃热腹痛腹胀及溏泻时用。春末以葱等量代蒜。

方11 生山药25～35克,生、熟山楂各30～40克,元明粉(芒硝风化而成的白色粉末为无水硫酸钠,别名毛硝、朴硝、皮硝)15～20克,共研细末,用稀高粱面粥两碗调匀温服。猪、羊每日1次混饲,3日为1个疗程。胃寒日久粪干结时用。

方12 桃仁20克,红花18克,升麻10克,共研末,用乌梅65克煎汤两碗调匀,候温。猪、羊1次灌服,7日为1个疗程,马用量加5倍,牛用量加6倍。

方13 牵牛子(别名二丑、丑牛子、黑丑、白丑)9克,生姜15克,大蒜12克,灶心土15克,共研细末,用大枣20个煎汤两碗调匀,候温。猪、羊每日1次灌服,3日为1个疗程,马、牛用5～6倍量。

方 14 砂仁、青皮、紫皮蒜各 45 克,共同捣碎,用陈醋 1 碗烧沸冲调,候温。大畜隔日 1 剂,灌服,猪、羊服 1/4～1/6 量,5 剂为 1 个疗程。

方 15 白胡椒 1 份,黄连 1.5 份,小茴香、滑石粉(口温低者以伏龙肝代之)各 3 份,共研细末,沸水调服。粪稀恶臭时加生山楂 1.5 份。猪、羊每次服 60～75 克,马、牛服 450～550 克,每日服 1 次,4 日为 1 个疗程。

方 16 胆南星(别名胆星。本品为制南星加胆汁制成。炒黄)3 份,朱砂 1 份,黑胡椒 0.5 份,五味子 4 份,鸡蛋壳(焙黄)2 份,葱白 8 份,共同捣碎,沸水冲调,候温。猪、羊每次灌服 50～100 克,马、牛 300～500 克,隔日 1 剂,6 日为 1 个疗程。服药后用干草按摩全身。

方 17 干刀豆 2 份,鸡蛋壳 1 份,车前子 1.5 份,共研细末,沸水冲调,候温。猪、羊每次灌服 60～80 克,加酒、醋各 50 毫升为引。马、牛量加至 5～6 倍,每日 1 剂,7 日为 1 个疗程;不愈者,隔 4 日后继服。

方 18 老刀豆壳 4 份,生、熟山楂各 1 份,共同煎汁候温。大畜每日 1 剂,灌服 300～500 克;猪、羊服 100 克;5 日为 1 个疗程。胃寒、腹胀、食少、粪稀时用。

方 19 蜣螂(别名推粪虫、屎壳螂、推粪牛、粪爬虫)2 份,紫皮蒜 4 份,共同捣碎。用大枣适量煎汤调药,候温。猪、羊 45～65 克,马、牛 250～300 克,每日 1 次灌服,7 日为 1 个疗程。

方 20 干姜 3 份,荷叶蒂 7 份,紫皮蒜 4 份,灯心草、血余炭各 0.5 份,共同捣碎和匀,沸水冲调,候温。猪、羊服 30～60 克,马、牛服 250～350 克,每日 1 次灌服,5 日为 1 个疗程。不愈者隔 5 日再服。

方 21 大黄 52 克,麦芽 120 克,共研细末,沸水冲调,候温。大畜隔日 1 次灌服,4 次为 1 个疗程。胃热、粪干、食少时用。

五、慢性胃卡他

【病　因】　本病是由于胃黏膜发生萎缩或肥厚,胃的分泌功能和运动功能发生紊乱,以致引起慢性消化不良。原发性的少见,多由不按时、不正规的饲养与管理,如繁重的劳役,不规范地饲养,饲料配合不当,饲料品质不良等。继发性的常发生在慢性心、肺、肝、肾病、慢性传染病、牙病及内寄生虫病。

【症　状】　本病的特征是长期食欲和消化紊乱。病畜后期饮食常完全废绝。口腔黏膜被有黏液和唾液,舌面有白色或黄白色舌苔,口腔常有很大甘臭味,经常发生便秘。肠蠕动缓慢,排泄小干球状被有黏液的粪便。病畜逐渐变瘦和衰竭。黏膜黄疸色,腹部蜷缩,被毛蓬乱,换毛迟延。常打哈欠,卷上唇。有异嗜现象,倦怠疲劳,容易出汗,体温一般正常。

【治　疗】　可选用下列处方:

方1　松针(别名松叶、松毛)80～150克,研碎混入饲料中喂服。大畜每日1次,连服7天。

方2　醋250克,食盐50克,加水。大畜1次调服。用于胃酸过少。

方3　小苏打50克,芒硝34克,食盐17克,加水。大畜1次调服。适用于慢性胃卡他初期。

方4　鲜姜、紫皮蒜各20～50克(捣碎),白酒50～100毫升,水100～300毫升,混合备用。大畜隔日1次灌服,连服5次。

方5　党参、白术(炒)各60克,干姜、炙甘草各45克,上药共为细末,沸水冲,候温,大畜1次服。

六、急性肠卡他

【病　因】　急性肠卡他是指肠黏膜的表层发炎或由于支配肠管的神经调节作用发生紊乱。原发性的主要由饲料粗劣,饲养不当,饲料骤变,饥饿过食,饮水质量不良,久渴失饮和采食腐败发霉饲料等引起。感冒、疲劳也能引起本病。继发性的常见于某些传染病、寄生虫病,在肝脏、肺脏、心脏的病程中,有时也继发本病。

【症　状】　急性肠卡他通常与胃卡他并发,临床症状是多种多样的。初期食欲减退,有时饮欲增加,精神不振,肠蠕动音减弱。草食动物在病初便秘,粪呈小干球状,坚硬,被覆一层黏膜。后期腹泻。粪便有时呈水状,发出酸臭味,或混有黏液、血丝,病末期肛门失禁裂开。肠蠕动加剧,有轻度的疝痛与不安。体温正常或稍高。有的口黏膜及结膜发黄。若持续腹泻,病畜精神高度沉郁,眼球下陷,毛焦肷吊,皮肤弹力减弱,逐渐陷于全身衰竭。

【治　疗】　病初停食1～1.5天,并选用下列处方:

方1　芒硝,马100～200克,牛200～300克,羊50～80克,猪25～50克。配成5%溶液,加植物油适量1次灌服。病初清理胃肠用。

方2　建曲、生姜、大枣(去核)各60克,大葱3棵,研末,加黄酒200毫升,沸水调服。大畜1次用量。

方3　韭菜120克,椿白皮、大葱根须各60克,加水煮熬,去渣加鲜马齿苋泥、鲜车前草泥各90克(无鲜品可用干的)。大畜1次灌服。

方4　小茴香30克。伏龙肝、红糖各60克,沸水调服。大畜每日1次,连用2～3天。

方5　白头翁、龙胆草各30克,黄连15克,共为细末。成年猪每日分3次内服。

方6　伏龙肝3份,焦乌梅5份,罂粟壳(别名御米壳、鸦片烟果壳)1.5份,鸡蛋壳3份,共研细末加适量白酒,沸水冲调,候温。大畜服100～150克,中畜25～45克,小畜酌减,每日1次,5日为1个疗程。肠寒粪稀或水泻腹痛时用。

方7　生姜100克,百草霜120克,葱60克,大蒜50克,共同捣碎,用煮沸的米汤调成糊状,候温。大牛隔日 1 次灌服,骆驼服此量的 1.5～2 倍,5 次为 1 个疗程。肠寒、腹胀疼、粪带黏液或污血时用。

方 8　炒麦芽 250 克,干姜(炒黑)60 克,共研细末,沸水冲调。大畜隔日 1 次灌服,7 次为 1 个疗程,猪、羊服此量的 1/4。肠寒、食少、粪迟滞、腹疼时用。

方 9　炒小米 250 克,炒地肤子(别名落帚、地麦、千头草、扫帚菜)、炒车前子各 35 克,茵陈、红糖各 60 克,共研细末,用大枣 30 个煎汤适量调药,候温。大畜 1 次灌服。肠寒、粪稀、黄疸时用。

方 10　生白矾、大黄各 3 份,干荷叶 6 份,绿豆面 8 份,共研细末炒黄,沸水冲调,候温。大畜服 200 克,中畜 60～100 克,小畜酌减,每日 1 次,7 日为 1 个疗程。肠热、腹泻、腹胀时用。

方 11　萝卜丝 500 克,绿豆面 200 克,鸡蛋 8 个(用蛋清),麻油 135 毫升混合。大畜每日 1 次灌服,5 日为 1 个疗程。肠热日久、体虚、粪干时用。

方 12　糯稻根、焦山楂各 100 克,玉米须 15 克,炒蒲黄 50 克,砖茶 130 克,共煎浓汁适量。大畜每日内分 2～3 次服完,7 日为 1 个疗程。肠热脾湿,肾虚肝旺,汗多不渴,粪稀尿少,烦躁不食,有时腹胀、腹痛、口臭体困,四肢水肿,可常服此方。有黄疸时加大枣 30 个。

七、慢性肠卡他

【病　因】　慢性肠卡他,不仅是肠黏膜的表层的炎性变化,而且伴发分泌功能、运动功能及知觉障碍。该病由急性肠卡他发展而来。在血液循环障碍、慢性呼吸器官疾病、肝脏、肾脏疾病及慢性传染病与寄生虫病等的过程中,常继发本病。

【症　状】　慢性肠卡他的症状与慢性胃卡他、急性肠卡他相似。

【治　疗】　宜用饮食疗法，加强饲养管理，并选用下列处方：

方1　小苏打50克，芒硝34克，食盐20克，植物油300毫升，加水适量。大畜1次内服。以清理胃肠内容物为目的。

方2　芒硝150～300克，配成5％溶液，大畜1次灌服。粪便干燥时用。

方3　木炭末、紫皮蒜(捣碎)各50～80克，沸水适量冲调，候温。大畜1次灌服。腹泻用。

方4　百草霜30～50克，陈皮50克，研末，沸水适量冲调，候温。大畜1次灌服。腹泻用。

方5　蓖麻油15克，食盐20克，木炭末30克，灶心土50克，水4升，配成乳剂，隔日内服1次。用于大畜。

方6　山楂(炒黄)、红糖、白糖各100克，研末。大畜1次调服。

方7　乌梅50克(烧炭)，石榴皮60克(焙干)，研为细末，用小米汤适量调药。大畜1次灌服。腹泻并有内寄生虫时用。

方8　酸枣树根100克(刮去里皮，焙干研末)，大蒜10头(烧灰存性)，红糖100克，用大枣30个煎汤适量调药，候温。大畜1次灌服。粪稀带血时用。

八、胃肠炎(肠黄)

【病　因】　胃肠炎是胃肠黏膜及其深层组织的出血性或坏死性炎症。原发性的病因与消化不良的原因基本相同。继发性的常见于便秘等腹痛的经过中。主要是用药不当如蓖麻油不经煮沸，芒硝浓度过高(8％以上)。其次是护理不当，秘结粪便刚疏通后，就喂多量精料或粗硬饲草或饮大量冰冻的水。此外，便秘病畜发现过晚，或延误治疗，秘结部肠壁持续受压迫，腐败发酵产物强烈刺激胃肠黏膜也是继发胃肠炎的原因。

【症　状】　早期饮食减少，后期废绝。口臭，口腔黏膜干燥，黄色舌苔较多。初期便秘，粪球上混有黏液，后期排稀便带血，恶臭。肠音开始弱，腹泻后增强，轻度腹痛，喜欢卧地。全身中毒后，病畜精神沉郁。结膜潮红并黄染。体温在 39℃～40℃或以上，脉细弱而快，每分钟 60～80 次，较重病例有时可达 100 次以上。

最急性胃肠炎可在 24 小时内突然死亡，往往见不到腹泻症状，自体中毒严重，舌呈暗紫红色，体温在 39.5℃～41℃，脉细增数，呼吸促迫。

【治　疗】　可选用下列处方：

方 1　大蒜 100 克捣碎呈泥状，加水 1 升。大畜每日 1 次内服，现用现配。

方 2　食盐 200～300 克，大蒜 50～100 克（捣碎呈泥状），温水 4～6 升，大畜 1 次内服。本方对病畜早期排粪迟滞的疗效较好。对胃肠已经陷于弛缓的重剧病例，可用无刺激和油类泻剂，如液状石蜡 0.5～1 升或植物油 300～500 毫升，大畜 1 次内服。

方 3　木炭末 100～200 克，炒米粉适量，水 1～2 升，制成悬浮液。大畜 1 次内服。用于积滞的粪便基本排除，粪的臭味不大而仍腹泻不止时。

方 4　鲜大蓟（别名刺蓟、马刺蓟）、鲜马齿苋各 200～300 克，共捣为细泥，去掉纤维，加水。大畜每日 1 次灌服，连用数天。中畜服 1/2 量，小畜服 1/5 量。

方 5　木炭末 50～100 克，小苏打 25～50 克，水适量，混合，大畜 1 次灌服。

方 6　玫瑰花（取含苞未放者）100 朵，去萼蒂，加大黄 30 克，水适量，煎汁。大畜 1 次内服。

方 7　核桃仁 100 克，干姜 30 克，研碎。大畜 1 次调服。

方 8　生姜、陈皮各 50 克，花椒 15 克，共研末。大畜 1 次调服。

方9　猪苦胆10份(按重量比),黑豆4份,绿矾(别名皂矾、青矾、胆矾、含硫酸亚铁)0.2份,槐花2份,车前子3份,白矾1.5份,木炭末4份,后6种药共研细末,加入胆汁拌匀,沸水冲成稀糊,候温。马、牛每日1次灌服300~400克,羊、猪50~100克,小畜服量酌减,4日为1个疗程。发热腹泻时用。

方10　干柿饼100克,伏龙肝150克,川楝子75克(烧炭存性),地龙(别名蚯蚓)20克,共煎汁2次,两汁混合约300毫升。成年猪每日1次灌服,5日为1个疗程。发热腹泻时用。

方11　紫皮蒜、牛粪炭各250克,共同捣碎,调入鸡蛋10个(用蛋清),用砖茶170克煎浓汁1.5~2升冲调,候温。骆驼每日1次灌服,马、牛服此量的1/2,羊猪服1/10,5日为1个疗程。腹痛、腹泻时用。

方12　焦栀子30克,绿豆面250克,白胡椒10克,共研细末,用生葱10根煎汤冲调,候温。成年马、牛每日1次灌服,羊、猪服此量的1/4,5日为1个疗程。发热、腹痛、大便带血时用。

方13　干刀豆300克,白胡椒15克,共研细末,调入羊胆汁8个,再用大枣50个煎汤冲调,候温。马、牛每日1次灌服,羊、猪服此量的1/5,小畜酌减,7日为1个疗程。发热、腹痛、粪干带黏液时用。

方14　大蒜50克,米醋、白米汤各500毫升,将蒜捣碎,用醋和米汤烧沸冲调,候温。大畜每日1次灌服,中小畜酌减,5日为1个疗程。

方15　连根韭菜1千克(洗净切碎),生葱100克(切碎),共同捣和,用热米汤冲调,候温。马、牛1次灌服,羊、猪服1/5,小畜减为1/20~1/10。腹痛、粪带脓血时用。

方16　茶叶130克,食盐15克(炒热),共煎汁适量。马、牛每日1次灌服,中小畜酌减,5日为1个疗程。粪稀、乏困时用。

方17　生苎麻叶250克,洗净捣碎,加沸水冲泡2次,共得汁约 1.5 升，加入食盐 10 克，候温。大畜 1 次灌服。发热、腹痛时用。

方 18　鲜藕 1.5 千克捣碎，沸水冲调，候温。大畜 1 次灌服。发热、腹痛时用。

方 19　干红薯藤叶 700 克，白矾 35 克，共同捣碎，水煎汁约 2 升，候温。大畜 1 次灌服。腹泻、腹痛时用。

方 20　大蒜 30～40 克（捣碎），白矾 25～45 克（研末），两药混合，沸水冲化白矾，候温。大畜每日 1 次灌服，5 日为 1 个疗程，中小畜酌减。腹痛、腹泻时用。

方 21　石榴皮（晒干炒焦）100～150 克，艾叶 50～100 克，红高粱 500 克，水煎汁 2 次，混合汁约 3 升，候温。大畜每日分 2 次灌服，中小家畜酌减，5 日为 1 个疗程。久泻、腹痛时用。

方 22　大蒜 65 克（捣碎），红糖 200 克，食醋 500 毫升，共同混合。大畜隔日 1 次灌服，中小畜酌减，7 次为 1 个疗程。腹痛、泄泻带脓血时用。

方 23　酸奶子 2.5 升，砖茶 50 克（捣碎），红、白糖各 100 克，加水共同煎沸 20 分钟，候温。马、牛每日 1 次灌服，骆驼加倍，中小畜酌减，7 日为 1 个疗程。腹泻、胀痛时用。

方 24　茶叶 100 克，生姜 60 克，共同捣碎加水煎沸半小时，候温。马、牛每日 1 次，连渣灌服，中小畜酌减，5 日为 1 个疗程。腹痛、腹泻时用。

方 25　健康鸡 2 只，砍掉头后，立即把断颈插入患畜口内，使患畜吸饮鸡血。腹泻、腹痛时用。大畜 1 次量。

方 26　伏龙肝 100 克，食盐 35 克（炒），荞麦面 200 克（炒黄），干姜 60 克，共研细末，沸水冲调，候温。大畜每日 1 次灌服，中小畜酌减，7 日为 1 个疗程。腹痛、腹泻日久，甚至粪稀如水时用。

方 27　西瓜皮、石榴皮各 150 克晒干，共研细末，沸水冲调。

每日 1 次灌服,5 日为 1 个疗程。轻热、腹泻日久时用。

方 28　牛、羊、猪的苦胆中装入黄豆,至胆汁漫过为度,阴干后取出给患畜喂食。羊、猪每次 20～30 克,每日 2 次。病初粪时干时稀、发热、腹痛时用。

方 29　小米(炒黄)200 克,大黄 150 克,共研细末,加浆水 2 碗调匀。骆驼 1 次内服。

方 30　柿饼 1～1.5 千克(烧炭存性)研末,沸水冲调,候温。马、牛 1 次灌服。轻泻时用。

方 31　绿豆 1 千克,车前子 120 克,山楂 150 克,研末,沸水冲调,候温。大畜 1 次灌服。发热、腹泻时用。

方 32　蜂蜜 300～400 克,鸡蛋 10～15 个,食盐 40 克,温开水 2～3 升,调混均匀。马、牛 1 次灌服。发热、腹泻时用。

方 33　生姜 25 克,石榴皮 30 克,大枣树皮 40 克,大蒜 20 克,共研碎烂,用热米汤 700 毫升冲调,候温。大猪 1 次灌服。治肠炎腹泻恶臭,发热不食。

方 34　大蒜泥 150 克,生姜 30 克,仙鹤草(别名龙芽草、黄牛尾、蛇疙瘩)、侧柏叶各 50 克,煎汁。大畜 1 次灌服。

方 35　茵陈 50 克研末,大枣(去核)、白糖各 100 克混合。大畜 1 次灌服,猪、羊服 1/2 量。

方 36　藿香、车前子各 50 克,绿豆 100 克,煎汁去渣。大畜 1 次灌服。

方 37　白头翁 150 克,黄柏 120 克,煎汁。大畜 1 次灌服。

方 38　地榆 60 克,苦参、黄连各 50 克,煎汁。大畜 1 次灌服。

方 39　苦参、香附各 50～100 克,大黄 30～50 克,研末,沸水冲调,大畜 1 次内服。

方 40　毛青杠(别名斩龙剑、小紫金牛、红刺毛藤)150 克,煎汁。牛 1 次内服。

方41 柿子5～8个,红糖30～50克(血便用白糖),混合给猪1次喂服。

方42 地榆、白头翁、车前草各60克,共研末,对水1升,煎沸10分钟,连渣分2次,早、晚给猪各服1份。

方43 马鞭草(别名疳枳草、酒药草)80～150克,厚朴50～100克,煎汁去渣。猪1次内服。

方44 鲜铁苋菜(别名山黄麻、野黄麻、铁苋、六合草、血见愁、含珠草)100克,煎汁。猪1次内服。

方45 白头翁3份,白矾3份,柿蒂(炒焦)1份,共研细末,沸水冲调。每千克体重给药2克。

方46 干马铃薯100克,石榴皮30克,车前子30克研末,大畜1次服。

九、急性胃扩张(大肚结、过食疝)

【病　因】 急性胃扩张是由于过食和胃后送功能障碍所引起。可分为原发性和继发性2种。原发性有气胀性和食滞性两种。原发性的由于采食过量的饲料;放牧的家畜突然改为舍饲;或因偷吃大量精料。在胃的后送功能障碍时,也常引起本病。继发性的,常继发于小肠便秘和小肠变位。

【症　状】 原发性胃扩张通常在饱食后突然发生剧烈的腹痛,有的呈犬坐姿势,腹围不大而呼吸促迫,插入胃导管可排出多量气体和食糜。直肠检查,感知脾后移,而左肾前下缘可摸到膨大的随呼吸前后移动的胃盲囊,触之紧张并富有弹性,或呈捏粉样。如果是原发性的,导胃之后可迅速恢复。如是继发性的,导胃之后腹痛暂时减轻,不久又加重。直肠检查有结粪或肠变位等。

急性胃扩张病马,如果延误诊治,往往在10余小时内因心力衰竭或胃、膈破裂而死亡。

【治　疗】 首先应进行导胃,然后选用下列处方:

方1　食油 500 毫升,煎沸离火,倒入当归末 200 克,搅拌至黄褐色,候温灌服。为大畜 1 次量。

方2　醋酸 30～60 毫升,加温水 0.5 升,或食醋 0.5 升,或酸菜水 1 升。大畜 1 次灌服。

方3　食醋 250～1 000 毫升,姜 50～65 克,食盐 30～60 克,调匀。马、骡 1 次灌服,猪酌减。

方4　10％～20％盐水 1 升,加半升食醋。1 次灌服。

方5　辣椒 1～4 克,姜粉 15～30 克,白酒 100～200 毫升,加水适量。大畜 1 次灌服。

方6　食醋 0.5～1 升,硼砂 33 克。1 次灌服。治马气滞性胃扩张。

方7　盐乌梅 65 克,姜 30 克,鸡内金 20 克,麻油 120 毫升,前几味药研末与麻油混合,加沸水调匀,候温。每日 1 剂,连服 2 剂。治猪食滞性胃扩张。

方8　生山楂 250 克,甘草 130 克,水煎 3 次,共煎汁约 1.5升,候温。马、骡每日 1 次灌服,连服 2 剂。治食滞性大肚结。

方9　蝼蛄(别名土狗、地牯牛、地狗)10 个,牵牛子 45 克,共研末。臭椿树皮 125 克煎汁 1 升,加醋 0.5 升,混合调药。马、骡每日 1 次灌服,连服 2～3 剂。治食滞性胃扩张。

方10　桃树根 100 克,苦瓜花 30 克,均焙干存性,与酒曲 165克共研为末,沸水冲调,候温。马、骡隔日 1 次灌服,共服 2～3 剂。治食滞性大肚结。

方11　大蒜 50 克(捣碎),木炭末 40 克,白酒 120 毫升,沸水冲调,候温。大畜 1 次灌服。治气胀性胃扩张。

方12　大茴香 15 克,麻油 300 毫升,柿蒂(炒焦存性)25 克,共研为末,沸水冲调,候温。大畜 1 次灌服。治胃扩张腹痛、跳欣、起卧。

方13　大蒜 30 克(捣碎),红糖 100 克,食醋 200 毫升,混合后加沸水适量冲调。猪、羊每日 1 次灌服,连服 2 剂。治胃扩张胀痛。

方 14　青萝卜丝 4 千克,用麻油炸焦,与酸菜水 1 升混合。大畜每日 1 次灌服,连服 2 剂。治胃扩张胀痛、起卧。

方 15　食醋 500 毫升,煤油 100 毫升,混合。大畜 1 次灌服。治胃扩张胀气。

方 16　酒曲 1.5 千克,芫荽(切碎)150 克,胡椒(研末)10 克,加沸水 3 升,泡 20 分钟后滤汁,加麻油 0.5 升混合,候温。大畜 1 次灌服,服后牵遛 2 小时观察,如不愈再服 1 剂。

方 17　竹叶 50 克,煎汁适量,调入梁上尘 150～250 克。大畜 1 次灌服。肚胀痛腹泻时用。

方 18　巴豆 3～6 克,苍术 60 克,捣为末,对温水灌服。

方 19　延胡索粉(别名玄胡索、玄胡、元胡)40 克,麦芽粉 300 克,陈醋 100～150 毫升。先用胃管排出胃内容物及气体,再将上药混合灌入。

方 20　油当归 300 克(当归粉用 500 克植物油熬开,连油入药),醋香附(沸醋 300 毫升加入香附末再煮沸 10 分钟)100 克,莱菔子末 100 克,调匀,加水 500 毫升灌服。

十、痉挛疝(冷痛)

【病　因】　痉挛疝是由于肠平滑肌痉挛性收缩而发生。引起本病的外因,主要是寒冷刺激。如气温骤变,受风雪侵袭,出汗后被雨淋,吃了霜草或冰冻饲料等。内在因素,主要是慢性消化不良等所造成的植物神经对肠管调节功能的紊乱。

【症　状】　本病呈中度或剧烈的阵发性腹痛。病畜起卧不安或倒地滚转,持续 5～15 分钟后,进入间歇期,病畜安静站立,有的尚有食欲。口腔湿润,肠音增强,连绵不断,音响高朗,不断排少量稀软粪便。病畜耳、鼻发凉,体温、呼吸、脉搏变化不大。多数病例在几小时内痊愈。如治疗不及时，护理不周，可能引起肠变位。

【治　疗】　可选用下列处方：

方1　温水灌肠，灌完水后，牵马环形运动，或敲打臀部与尾根。

方2　温敷腹部（水温45℃左右），每10～15分钟更换1次。

方3　大蒜4头捣碎，加调料面100克，用白酒200毫升调匀，或紫皮蒜泥50～100克，白酒250～500克，水1～2升混合。大畜1次内服。

方4　大蒜2～5头，鲜姜20～30克，茴香30克，胡椒10～20粒，共捣碎，用白酒250毫升为引，加水调匀。大畜1次灌服。

方5　大葱3根，鲜姜60克，均捣碎，白酒200毫升，加水调和。大畜1次灌服。

方6　花椒5克，白头翁30～150克，滑石粉150克，研成细末。每次取2克，用竹筒吹入鼻孔。用于大畜。

方7　小茴香（炒）80克，食盐（炒）30克，共研末，加沸水0.5升冲调，候温，再加入白酒150毫升。大畜1次灌服。服后牵遛，不让病畜打滚。

方8　小茴香末250～350克，沸水冲，候温大畜1次灌服。

方9　干姜35克，炒小茴香40克，共研为末，白酒100毫升，加沸水400毫升调匀，候温。大畜1次灌服，服后牵遛。

方10　胡椒5～7克研末，或小茴香80克炒黄研末，加白酒、沸水各250毫升，调匀，候温。大畜1次灌服，服后牵遛。

方11　红糖150克，白酒200毫升（温热）混合调化，或再加干姜末40～100克，水适量混合。大畜1次灌服，服后牵遛。

方12　乌梅20克，胡椒1克，共研为末，用大枣10个煎汤冲调，候温。成年羊、猪或驹犊1次灌服，大畜用量加至2～3倍。

方13　炒盐、辣椒各30克，小茴香（炒微黄）90克，共研为末，沸水冲调，候温。大畜1次灌服，中小畜服此量的1/5～1/3。

方 14　香附 35 克，干姜 45 克，共研为末，加食醋 0.6 升，沸水冲调，候温。大畜 1 次灌服，服后牵遛。

方 15　桃树根 100 克，水煎 2 次，共得汁 700 毫升，加入血余炭 15 克调匀，候温。大畜 1 次灌服，服后牵遛。

方 16　骨头(烧炭存性)35 克，用白酒 250 毫升调匀。大畜 1 次灌服，服后牵遛。

方 17　黄瓜叶(焙干存性)40 克，伏龙肝 200 克，共研为末，用白酒 200 毫升、沸水 0.5 升调匀，候温。大畜 1 次灌服，中小畜用此量的 1/5～1/3，服后牵遛。

方 18　干姜 35 克研末，用白酒 250 毫升调匀。大畜 1 次灌服。

方 19　大蒜 3 头，大葱 3 根，白酒 250 毫升，前 2 味共同捣碎加酒调匀。大畜 1 次灌服，服后牵遛。

方 20　硫磺 15 克，黄酒 250 毫升，共调均匀。大畜 1 次灌服。

方 21　炒干姜 35 克，莱菔子 35 克，黄酒 500 毫升，沸水冲调，候温。大畜 1 次灌服，服后牵遛。

方 22　吸烟用旧的羊骨棒子 1 根，捣碎煎汁 2 碗。大畜 1 次灌服。

方 23　辣椒面 1 份，滑石粉 2 份，混合均匀。每次吹入大畜鼻孔内 1.5 克，吹后牵遛，防止打滚。

方 24　吹鼻散：辣椒面 7 份，白芥子 3 份，花椒 4 份，小茴香 8 份，共研细末。每次吹入鼻孔少量，隔 40 分钟吹 1 次，病愈即止。

方 25　香附 80 克，小茴香 30 克，白酒 300～500 毫升，前 2 味共为细末，沸水冲调，候温加白酒，大畜 1 次灌服。

方 26　干姜 30～40 克，大蒜 30～100 克，辣椒 20～30 克，共捣烂熬汁，待温后，加入白酒 50～100 毫升，加温水适量。马、骡 1 次灌服。

方 27　石菖蒲(别名水剑草、山坑韭、香菖蒲、九节菖蒲)(鲜草)250 克,切细,煎汁。马、骡 1 次灌服。

方 28　生韭菜(连根)200 克,抖净泥土,不用水洗,捣细投服,每日 1 次。

方 29　鲜野棉花(别名肖梵天花、山茄簸、土杜仲、粘人子)叶50 克。揉烂,塞患马一侧鼻腔,轻轻揉鼻翼,以鼻流清液、连打喷嚏、抖毛踢蹄为度。

方 30　炒盐 100 克,炮姜 25 克,葱白 4 根,水煎。马、骡 1 次灌服。

方 31　大葱 4 根,炒盐 50 克,水煎 3 沸,待温后,加入白酒120 毫升。马、骡 1 次灌服。

方 32　木香 20～40 克,高良姜 30～70 克,乌药 30～60 克,煎汁去渣,加白酒 100～200 毫升。马、骡 1 次灌服。

方 33　大蒜 1 千克,荜澄茄(别名登茄子、田比陵茄子)500克,白酒 1 升,前 2 药捣后泡于酒中,1 周后成为糊状,用时取所需量加等量红糖,凉开水冲灌。大畜每次 120～200 克,小畜 30～90克。

方 34　生姜(切碎)、红糖各 100～200 克,大葱 4～8 根切碎(可不加),白酒 100～200 毫升。沸水冲泡,候温。大畜 1 次灌服。

方 35　皂角(别名皂荚、大皂荚)15～40 克,烟叶 30～70 克,切细,水煎 2 小时,取液 600 毫升,候温加辣椒 15～25 克。大畜 1 次灌服。

十一、肠臌气(胀肚、风气疝)

【病　因】　原发性肠臌气通常由于吃了大量易发酵饲料或大量幼嫩的青草而引起的。饲料突然改变,易发生肠臌胀。继发性肠膨气,多见于大肠便秘和肠变位的经过中。

【症　状】　本病发病快,迅速表现为剧烈而持续的腹痛,腹围急剧膨大,右肷部更为明显。呼吸急速,脉搏快而细弱,常出大汗,可视黏膜暗红。病初常排屁或排出少量稀软粪,肠音响亮,且有明显的金属音,而后肠音逐渐减弱,最后消失。直肠检查感知肠管充满气体,检手活动困难。本病发展迅速,一般经过多为12小时,重症者,往往在4～5小时内因肠管过度膨满而引起窒息、膈或肠破裂或心脏麻痹而死亡。

【治　疗】 可选用下列处方:

方1　紫皮蒜(捣泥)5头,鲜姜碎块60克,用白酒250毫升冲调,加温水1～1.5升混合,为大畜1次投服量。

方2　牵牛子50克,干姜20克,炒盐60克,葱白3根,共捣碎。用陈醋250毫升,白酒150毫升冲调。大畜1次灌服。

方3　莱菔子100克,焦槟榔30克,小茴香50克,葫芦80克,共研末,用热姜汤冲调。大畜1次灌服,中畜服1/5,小畜服1/15～1/10。腹痛轻微时用。

方4　莱菔子140克,葫芦籽(烧炭存性)60克,共研末,加白酒250毫升,沸水调匀,候温。大畜1次灌服。腹痛轻时用。

方5　牵牛子45克,干姜20克,炒盐90克,共研细末,加入食醋250毫升,白酒100毫升,调匀。大畜1次灌服,中畜服1/5量,小畜服1/10量。口舌干燥时用。

方6　椿白皮180克(用食油炸焦)研末,沸葱汤冲调,候温。大畜1次灌服。口温低时用。

方7　小茴香根200克,菖蒲根100克,干姜10克,煎汁1升,候温。大畜1次灌服。用于患畜不排屁时。

方8　莱菔子100克,芒硝170克,滑石70克,共研末,加菜油500毫升调匀。大畜1次灌服。口色黄时用。

方9　松塔(别名松球、松果)70克,小茴香80克,生姜20克,共研细末,加白酒或蓖麻油250毫升调匀。大畜1次灌服,中小畜用量1/5以下。

方 10 陈石灰 250 克,加水 2 升溶解,取其澄清液 1 升,再将砖茶 80 克煎汁 1 升,混合。大畜 1 次灌服。

方 11 沙蒿子或葶苈子(别名小辣辣秧籽)100 克,麻油炸焦,沸水冲调,候温。大畜 1 次灌服。

方 12 茶叶 70 克,煎汁 1 升,加白酒 200 毫升混合。大畜 1 次灌服。口色红时用。

方 13 莱菔子 100 克,芒硝 120 克,研末,加醋 1 升调匀。大畜 1 次灌服。

方 14 麻油 250 毫升,煤油 65 毫升,混合。大畜 1 次灌服。舌苔厚腻时用。

方 15 生姜、大蒜各 120 克,捣碎,用煤油 65 毫升混合,再加沸水调匀,候温。大畜 1 次灌服。寒湿凝滞腹胀时用。

方 16 吴茱萸 40～70 克,当归 50～80 克,共研细末,与白酒 100～200 毫升调和,大畜 1 次灌服。

方 17 葱 3～5 根切碎,炒盐 40～60 克,干姜(研末)20～30 克,牵牛子(研末)30～50 克,加食醋 250～400 毫升,白酒 100～200 毫升和水少许,大畜 1 次灌服。

方 18 草果 100～300 克,生姜 100～400 克,烟叶 4～6 克,共研末,拌入麻油 200～300 毫升,大畜 1 次灌服。

十二、便秘疝(结症、肠阻塞、肠闭结)

【病 因】 便秘疝是由于肠管运动和分泌功能减退,粪便停滞某段肠管完全阻塞或不完全阻塞的疾病。多因饮水不足,草料在胃肠内不能充分消化,逐渐停滞而发病;饲喂不当,不按时饲喂,喂给难以消化的饲料如蚕豆秸等,也易引起便秘。

另外,采食快和牙齿有病,也易引起便秘。

【症 状】 病马呈轻度、中等度或重度的腹痛,食欲减少或废绝,口腔干燥,肠音不整或减弱,排粪减少或停止。初期全身无明显变化。小肠便秘时,食后 1～4 小时内突然发生剧烈疝痛,间歇期短,起卧、翻滚不停,前蹄抱胸或仰卧,常继发胃扩张。大肠便秘时,初期排粪干而少,后期停止排粪。胃状膨大部或盲肠便秘时排少量稀软粪便,疝痛较轻,间歇较长,有时继发胃臌胀,腹围增大,尾拧举。直肠阻塞时常做排粪姿势。直肠检查可摸到硬突的阻塞部。

【治　疗】 可选用下列处方:

方 1　芒硝 200～400 克,大黄末 60～80 克,温水 4～8 升。马、骡 1 次内服。适用于大肠便秘的早期和中期。

方 2　食盐 200～400 克(可酌加蜂蜜 0.5～1 千克),温水 4～8 升,溶解后马、骡 1 次内服。投药后适当牵遛,勤给饮水。通常在 3～4 小时排粪。

方 3　植物油 0.5～1 升,大蒜(捣泥)5 头,食盐 50 克。调后供马、骡 1 次内服。适用于小肠便秘。

方 4　小苏打 150 克,温水 1.5～2 升。混合溶解后大畜 1 次灌服,再灌食醋 250 毫升。适用于大肠结症的初期及中期。

方 5　獾油(将捕捉的獾去皮后装入容器中埋入地下,沤制成油脂)300～500 毫升,食盐 50～100 克。将食盐用温水溶化后与獾油混合,再加适量温水。大畜 1 次灌服。

方 6　蚸蝎(土名沙扑扑)2 个,装入 1～2 个鸡蛋中封口后,放麻油 50 毫升炸焦捣碎,连油微温灌服。治仔猪、羔羊小肠结,腹痛轻微时用。

方 7　韭菜汁、牛奶各 150 毫升混合。1 次灌服。治仔猪、羔羊结症,轻症时用。

方 8　黄鼠狼头 1 个,用麻油 100 毫升炸熟捣碎,候温,1 次灌服。治猪、羊结症,马、牛服此量的 5 倍。

方 9　蜣螂 7 个,蝼蛄 7 个,用麻油 100 毫升炸焦研末,候温,连油灌服。治猪、羊结症。

方10　蜣螂5～8个捣烂,加牛奶250毫升,或蜣螂焙干、研末,加黄酒200毫升混合。1次灌服,治猪、羊粪结。

方11　鲜韭菜汁250毫升,牛奶300毫升,鲜鹅血或鸭血250毫升,混合,中畜1次灌服,大畜服量加倍。口色红、腹痛重时用。

方12　老鼠粪60～100克,炒盐100克,共研末,加猪油0.7～1千克,加热熔化,调匀,候温。大畜1次灌服,中小畜酌减。

方13　老鼠粪100～130克,桃仁35克,蜣螂7个,共研末,加獾油250毫升调匀。大畜1次灌服,中小畜酌减。

方14　橘皮粉50克,加猪油1千克调匀。大畜1次灌服,中小畜服1/8～1/4。

方15　大戟(别名下马仙、兔儿奶)25克(炒微黄),桃仁65克,共研末,加猪油500克调匀。大畜1次灌服。

方16　猪苦胆250克,蜂蜜130克,加温水适量混合。大畜1次灌服。

方17　五谷虫(别名粪蛆)130克,蜣螂45克(均焙干),共研末,加猪大肠油250～500克调匀。大畜1次灌服。

方18　向日葵鲜根1.5千克捣烂拧汁,加蜂蜜120克,温水适量混匀。大畜1次灌服。

方19　连根芹菜250克,连根白菜500克,加水2.5升,煎汁1.5升。中畜日分3次灌服,再配合肥皂水灌肠。治羊、猪粪结,口色红时用。大畜服此量的5倍。

方20　马铃薯捣烂取汁250毫升,灌服。每日1～2次。治羊、猪便秘。

方21　炒莱菔子100克,皂角40克,共研末,沸水冲调,候温。大畜1次灌服。

方22　连根韭菜1.5千克捣烂取汁,加麻油500毫升,温水适量调匀。大畜1次灌服,中小畜酌减。

方23　皂角10克研末,加猪苦胆7个,蜂蜜120克,沸水冲调,候温。大畜1次灌服。

方24 皂角7～8个,生薤白200～400克,生猪板油(切碎)300～500克。后两味药捣泥,皂荚烧焦研末,混合,加沸水适量,候温反复揉搓至起大泡,去渣灌服。治马、骡前中后结。

方25 酵母粉500克,加温水5升,大畜1次灌服。

方26 白萝卜、火麻仁各250克捣碎,芒硝150克研末,植物油200毫升,混合。大畜1次灌服。

方27 猪胰脏150克,碱面200克,猪油250克,混合,捣烂,掺匀,加温水7升调匀。大畜分2次服,间隔3小时。

方28 芒硝250克,炒莱菔子130克,共研末,麻油500毫升,混合,加温水适量调匀。大畜1次灌服。

方29 芒硝100克,玉米面少量,用水和成糊状,用木板将药抹在猪舌根部,使其咽下,服药后多饮水。

方30 生豆浆0.6升,大猪1次灌服。

方31 粗壮葱梗1根,蘸蜜插入肛门,反复抽送引起排粪。治猪直肠结。

方32 猪苦胆1～2个,注入猪肛门,可引起排粪。

方33 酒曲1千克,用温开水1升化开,大畜1次灌服,用于结症前期;酒曲3.5千克,用40℃左右温水6升浸泡40～50分钟滤汁。大畜1次灌服。治大肠结。

方34 神曲400～700克,食盐150～300克,共为细末,加温水3～6升,马、骡1次灌服,治大结肠便秘。

方35 老鼠粪60克,食盐、酵母粉各100克,加温水5升化开。大畜1次灌服。服后多饮水。

方36 莱菔子150克,生姜60克,芫荽、葱白各100克,共捣烂,用沸水2.5升浸泡20分钟滤汁,加胡麻油500毫升。大畜1次灌服,如不愈,隔2小时再服1剂。

方37 发酵玉米面(越酸越好)1千克,加水3升,过滤后给马、骡 1 次灌服。治盲肠大结肠便秘。

方 38　麻油 0.5 升炼后离火 5 分钟，放入当归末 150～300克，加水 0.5 升，马、骡 1 次灌服。治小肠阻塞。投药前用胃导管导出胃内容物。

方 39　榆白皮 500 克（鲜品 750 克）切小段，加水 3 升煎约 1小时，滤取汁，药渣再加水 2 升煎 1 小时滤汁，2 次汁加神曲末 100克搅匀，马 1 次灌服。治胃状膨大部阻塞。

方 40　滑石粉 200～600 克，温水调糊。马、骡 1 次投药。

方 41　韭菜子 60～100 克，牵牛子 30～50 克，炒至烫手后，用湿毛巾裹住，待温后加胡麻油或麻油 300～500 毫升调灌马、骡。妊娠母畜慎用。

十三、黄　疸

【病　因】　在临床上分为阳黄和阴黄两大类。因外邪的感染使运动功能失常，湿浊内生，郁而化热；或畜体脾气虚弱劳伤过度，均能使中焦阳气不振，导滞寒湿阻滞；另外，郁血内结也瘀阻胆液的通行。这些寒湿、湿热或郁血影响肝胆，使胆液不循常道而外泄，渗于经络，侵入肌肤发生黄疸。湿热熏蒸和热毒内陷，发生阳黄；包感风寒或内伤阴冷，寒湿阻滞和瘀血内结，发生阴黄。

【症　状】　黄疸并不是一种独立的疾病，而是许多种疾病（如肝胆疾病、血液疾病、传染性贫血、焦虫病以及各种中毒病等）的一个症状。具体表现为可视黏膜及皮肤黄染，阻塞性黄疸时皮肤瘙痒。血清胆红素升高，出现胆色素尿。患畜精神不振，容易疲劳，食欲减少，腱反射减低，出血性素质等。常发生肠卡他与肠弛缓。粪便呈泥土色或灰白色，有恶臭味，缺乏粪胆素。

【治　疗】　必须立即除去致病原因，恢复生理功能。治疗可选用以下处方：

方 1　核桃仁（用麻油炸为黄色）、红糖各 250 克，共为末，用茵陈 500 克的煎汁冲调后,加猪苦胆 1 个为引,大畜每日 1 次灌服。连用 3～5 天。

方 2 茵陈、芦根各 250 克,茶叶 200 克,竹叶、瓜蒂各 50 克,加水煎服。大畜每日 1 剂,连用 3～5 天。

方 3 葶苈子炒黄研末 10 克,玉米须 5 克,煎汁 2 次约 250 毫升,冲调,候温。成年猪、羊每日 1 次灌服,大畜用此量的 5～10 倍。

方 4 石花(即附在岩石上的藻纹梅花衣,别名石苔花、乳花、地衣、梅藓或石衣,有灰绿、褐、黑等色)15～20 克,晒干研末,用山栀子(根、花均可用)15 克煎汁冲调,候温。成年羊、猪 1 次灌服,大畜用 4 倍量。

方 5 玉米须、茵陈各 100 克,煎汤 2 碗。猪、羊分 2 次服,大畜用此量的 4～5 倍。

方 6 青瓜蒌(焙干研末)15 克,茵陈 30 克煎汤,冲调,候温。成年羊、猪每日 1 次灌服,大畜用 5 倍量。

方 7 瓜蒌根 40 克,茵陈 30 克,共研碎,沸水冲调,候温。成年羊、猪 1 次灌服,马、牛服 5 倍量。

方 8 柚子皮(焙干研末)20 克,大黄(研末)15 克,白米汤冲调,候温。成年羊、猪 1 次灌服,马、牛服 5 倍量。

方 9 马齿苋鲜茎叶 120 克,鲜小蓟 40 克,混合捣碎,加水适量。成年羊、猪 1 次灌服,马、牛服 5 倍量。

方 10 茵陈 12 克,栀子 10 克,大黄 5 克,麦芽 60 克,水煎 2 次得混合汁 0.8 升。猪、羊每日分 2 次灌服,马、牛可用其 4～5 倍量。

方 11 苦丁香研末,每次吹入鼻孔少量,使流出适量黄水,可减轻黄疸症状。用于马、牛、羊、猪黄疸的初期。

方 12 黄瓜叶、糠谷老(一种不结籽的病态谷穗)各 1 份,共研细末。每次吹入鼻孔少许,使流适量黄水,可减轻黄疸症状。用于马、牛、羊、猪黄疸的轻症。

方13　西瓜皮(晒干)30克,茵陈20克,大黄10克,煎汁2次得混合汁0.5升。成年羊、猪每日分2次灌服,马、牛用4～5倍量。

方14　乌梅15克,茵陈20克,枸杞子12克,大枣15个,水煎2次得混合汁0.4升。成年羊、猪1次灌服,马、牛用此量的4～5倍。用于肝胆郁热日久、体质虚弱,黄疸,不多吃喝的患畜。

方15　鲜菠菜500克,捣烂后加入猪苦胆2个,沸水适量冲调,候温。猪、羊隔日1次灌服,马、牛用此量的4～5倍。

方16　皂矾如黄豆粒大1块,放入开小孔的鸡蛋中,封孔后在火旁焙焦研为细末,另用干黄瓜片140克煎汁0.5升,冲调上述药末,候温。成年羊、猪日分2次灌服,马、牛用此量的4～5倍,骆驼用7～8倍。

方17　茵陈65克,泽泻15克,鲜苦苦菜250克(干的用65克),煎汁2～3碗,猪、羊1次量,马、牛用此量的4～5倍。

方18　茵陈、薏苡仁各65克研末,沸水冲调,猪、羊1次服,马、牛用此量的5～6倍。

方19　马齿苋35～45克(新鲜的用45克)捣碎,再用干西瓜皮、瓜蒌皮、药葫芦皮各10克,煎汁2碗和马齿苋调匀,羊、猪每日分2次服,大畜用此量的4～5倍。

方20　茵陈100克,柴胡35克,川楝子30克,煎汤2碗。猪、羊分2次服,大畜用此量的4～5倍。

方21　苦苦菜50克,车前草35克,苍耳子15克(或苍耳草45克),沙枣核35克,川楝子27克,山羊角130克,煎汁2碗半。猪、羊2～3日服完,大畜用此量的4～5倍。

方22　苍术15克,乌梅30克,龙胆草10克,加水3碗煎汁1碗半。羊、猪每日分3次服完,大畜用此量的4～5倍。

方23　鲜桑白皮30克,白糖40克,煎汁。羊、猪1次灌服,连服 2～3 天。单用桑树皮也有效,如加母羊奶适量,效果更佳。

方 24 嫩柳树枝 30 克煎汁 1 碗。羊、猪每日 1 次,连服 1 周。

方 25 垂柳枝和皮(晒干)30 克,煎汁 1 碗,放入红糖适量。羊、猪每日 1 次内服,连服 5 天。

方 26 明矾 3 克,研末,包在豆腐皮或豆腐块中,蒸 25 分钟,候凉,放入羊、猪口中嚼碎咽下。

方 27 胡椒(研细)20 克,茵陈、红糖各 250 克,加水煎汁 1.5 升。大畜 1 次灌服。

方 28 茵陈 100～200 克,大黄 50～80 克,大枣 100 克(去核),共研细末,沸水冲调,候温。大畜 1 次灌服。

方 29 小麦芽 65 克,槐花 10 克,旋覆花全草(晒干)35 克,黄瓜蒂 10 克,煎汁 1 碗半。羊、猪每日分 3 次服完。大畜用此量的 4～5 倍。

方 30 茵陈 60～100 克,黄芩 30～60 克,甘草 20～30 克。共研末,沸水冲调,候温。大畜 1 次灌服。

十四、前胃弛缓

【病　因】　前胃弛缓是前胃兴奋性和收缩力降低的疾病。主要是长期大量饲喂粗硬难以消化的草料(如豆秸等);草料骤变,突然改变饲养方法;采食精料过多以及运动不足等。由于胃肠负担过重,一时不能适应,促使前胃功能紊乱,引起前胃的兴奋性和收缩力降低,造成前胃弛缓。此外,瘤胃臌胀,瘤胃积食,创伤性网胃炎等亦常继发本病。

【症　状】　食欲减退,反刍次数减少,瘤胃蠕动减弱或停止,触诊瘤胃蠕动力降低,内容物呈捏粉状。初期大便干燥,尿量减少,以后则见腹泻,或腹泻、便秘交替进行。

【治　疗】　病初可减食或禁食。酌情选用下列处方:

方 1 食醋 1.5～2.5 升。大牛 1 次灌服。

方2 大蒜250克,食盐50～100克,加水适量。大牛1次灌服。

方3 白酒500毫升,加水适量。大牛1次灌服。

方4 小苏打150～250克,加温水0.5～1升溶解,投入胃中,再投食用醋300～350克。大牛每日1～2次。

方5 陈建曲200克,温水冲调,加陈醋500克。大牛1次灌服。

方6 10％温食盐水1～4升,大牛1次灌服。

方7 椿根皮(别名椿白皮、臭椿实、椿根白皮、臭椿皮、椿木皮)100克,小茴香50～100克,红萝卜500克,加水熬,去渣,加食盐100克为引。大牛1次灌服。

方8 公丁香(水牛100～150克,黄牛65～100克)研末,与食用植物油(水牛0.5～1升,黄牛减半)混合,灌服。治前胃弛缓、瘤胃积食、瘤胃臌胀等前胃疾病。

方9 烟丝50克,清油300毫升。大牛1次调灌。

方10 常山(别名互草、恒山、七叶、翻胃木)85克,甘草120克,共煎汁3升。每日早、晚各灌服1.5升。

方11 熟枣肉250克,大牛每日灌服1次,可健脾止泻。

方12 棉籽油250～500毫升,煎去沫,放入黍子150克,并将露蜂房1个剪碎投入炸焦,晾凉。大牛连油1次灌服。

方13 焦山楂、炒麦芽、神曲各80克,研细,用沸水调匀,候温。大牛1次灌服。

方14 莱菔子150克炒研末,加麻油300毫升。大牛1次灌服,骆驼用此量的2倍。

方15 棉花籽(炒焦)100克,黄瓜秧(焙干)60克,红花35克,共研细末,加陈醋800毫升,沸水适量冲调,候温。大牛1次灌服。

方16 枳壳150克,南瓜藤须40克,白萝卜子、臭椿皮各250

克,共同焙干研末,加酒、醋各 200 毫升,再加水适量冲调,候温。大牛 1 次灌服,羊用此量的 1/10~1/6。

方 17 五爪龙(高粱根未入土者,焙干)、白矾各 60 克,木瓜 100 克,扁豆 250 克,共研细末,加酒 150 毫升、醋 1 升,沸水适量冲调。大牛 1 次灌服。

方 18 焦小麦、焦高粱、焦神曲各 150 克,大葱 100 克,加水煎汁 1.5 升,加酒 100 毫升、食醋 0.5 升,调匀,候温。大牛 1 次灌服。

方 19 焦臭椿皮 250 克,焦山楂 120~150 克,灯心草 25 克,加水煎汁 1.5~2 升,候温。大牛 1 次灌服。

方 20 臭椿皮 30 克,蜣螂(去头足,焙干)5 克,共研末,加食醋、水各 100 毫升。大羊 1 次灌服。

方 21 松针 120 克,马勃 20 克,水萝卜 1.5 千克,加水煎汁 2 次约 3 升。大牛每日分 2 次灌服。

方 22 炒莱菔子、炒葫芦子各 30 克,共焙干研末,加酒 35 毫升,食醋 100 毫升,水 150 毫升调匀。大羊每日 1 次灌服,5 剂为 1 个疗程。

方 23 桃树根(洗净切片,焙干)40 克,陈玉米芯 2 个(烧炭存性),艾叶 10 克(焙干),水煎 2 次得混合汁 200~300 毫升。大羊每日分 2 次灌服。

方 24 南瓜藤须(焙干)120 克,皂角 80 克(烧炭存性),共研细末,加食醋 1.5 升,沸水适量冲调,候温。大牛 1 次灌服。

方 25 焦小米 500 克,白萝卜(切碎)1.5 千克,加水 2 升煮汤,再加陈醋 2 升。大驼 1 次灌服。

方 26 鲜水萝卜(切碎)2.5 千克,麦芽 500 克,炒食盐 50 克,共捣碎。大牛 1 次口服。

方 27 发酵粉 500 克,生水萝卜(切碎)1.5 千克,食油 250 毫升,共捣烂。大牛 1 次口服。

方 28　侧柏叶 100～200 克,研末,沸水冲调,候温。大牛 1
次灌服。

方 29　大蒜 100～150 克捣烂,加食醋 250～750 毫升,菜油
0.25～1 升调匀。大牛 1 次灌服。

方 30　榆白皮 0.75～1 千克,切碎水煎浓汁。牛 1 次灌服。

方 31　鲜韭菜(切碎)1～2 千克,加食醋 250～750 毫升。牛
1 次灌服。

方 32　神曲 200～450 克研末,用温水 1.5～3 升冲调,加食
醋 250～750 毫升。牛 1 次灌服。

方 33　巴豆壳(巴豆仁峻泻,不能用)10～20 个,焙干研末,沸
水冲,大牛 1 次灌服。

方 34　槟榔 15～50 克研末,大蒜 80～120 克捣烂,加红糖
150～300 克,白酒 70～100 毫升,温开水冲药。牛 1 次灌服。

方 35　狼毒(别名续毒、川狼毒)5～10 克,甘草 15～30 克,水
煎汁。牛 1 次服。

方 36　泡萝卜(鲜萝卜泡在盐水坛内腌制而成)250～500 克,
切细,混入新鲜人尿 250～500 毫升。牛 1 次灌服。

十五、瘤胃积食

【病　因】　瘤胃积食是由于过食质量不良、粗硬、易臌胀的饲
料(如豆饼、霉败饲料等)或饲养方法突然改变以及吃了大量干料
后饮水不足等引起的。在瘤胃内微生物作用下,产生大量乳酸,瘤
胃内 pH 值下降,使瘤胃运动功能减弱,同时瘤胃内大量液体积聚
导致酸中毒、脱水和血液浓稠。本病也可继发瓣胃阻塞等病。

【症　状】　病畜表现呆立,食欲减退,反刍减少,重则停止,拱
背呻吟。左腹膨胀,触诊瘤胃充盈、坚实,或按压留有压痕。瘤胃
蠕动音减弱,蠕动次数减少或停止。严重者呼吸促迫,结膜呈蓝紫
色,脉搏增数。

【治　疗】 病畜禁食 1～2 天,不限饮水,进行按摩或缓步运动。可选用下列处方:

方 1　食醋 1～2 升。大牛灌服。

方 2　食用碱面 150 克,食用酱 250 克,麻油 500 毫升,加多量温水混合均匀灌服后,再灌服食醋 250 毫升。

方 3　食醋 1 升,食盐 100 克,食油 500 毫升,加水适量混合。大牛 1 次灌服。

方 4　炒莱菔子 65 克,香附 35 克,共研细末,加食醋 1.5 升,混合。大牛 1 次灌服。

方 5　大蒜 250 克,食盐 65 克,共捣如泥,加食醋 1.5 升,混合。大牛 1 次灌服。

方 6　烟丝 65 克,麻油 500 毫升。大牛 1 次灌服。

方 7　水萝卜茎叶 300 克,煎汁 1.5 升,加红糖 160 克,土碱 65 克,白酒 200 毫升,混合均匀灌服后,再灌服陈醋 300 毫升。大牛 1 次量。

方 8　焦山楂 250 克,莱菔子 200 克,椿根皮 100 克,煎汁 1升,加麻油 0.5 升混合。大牛 1 次灌服。

方 9　食盐、生姜各 60 克,酵母粉 50 克,小茴香 70 克,共研细末,加食醋 1 升,麻油 0.5 升,水 1 升。大牛 1 次灌服。

方 10　炒山楂 200 克,炒盐 60 克,葱白 100 克,食醋 1.5 升,混合。大牛 1 次灌服。

方 11　椿根皮 100 克,萝卜茎叶 500 克,煎汤 2 升,土碱 65 克,白酒 250～300 毫升,混匀灌服后,再灌服陈醋 1.5 升。大牛 1 次量。

方 12　鸡内金、大黄炭、炒牵牛子各 100 克,煎汁 3 升,加白酒 400 毫升,候温。大牛 1 次灌服。

方 13　白硼砂 45 克,白矾 50 克,共研末,用食醋、水各 1.5 升调匀。大牛 1 次灌服。

方 14　鲜萝卜 7.5～15 千克。捣碎取汁约 3.5～7.5 升,大牛 1 次投服。

方 15　山楂 100～200 克研细末,加食醋 0.5～1 升,牛 1 次灌服。

方 16　新鲜榆树根皮 0.5～1 千克,刮去表皮,洗净泥沙,擂烂煎汁,大牛 1 次灌服。

方 17　花生油(或胡麻油)300～500 毫升,煤油 30～70 毫升,混合,牛 1 次灌服。

方 18　活泥鳅 10～20 条,食盐 30～50 克,加水 0.5～1 升,喂牛或灌服。

方 19　石膏 150～350 克,加水煎汁,去渣候温灌服。治牛过食黄豆。

方 20　黄花菜 0.5～1 千克。煎汁,去渣,候温灌服。治牛过食小麦。

方 21　大蒜 1 头捣烂,植物油 100～200 毫升。羊 1 次内服。

方 22　皮硝 5 克,大黄 5 克,甘草 15 克,研末,冲绿豆浆,羊 1 次内服。

方 23　韭菜(新鲜)250～500 克捣烂,对水。牛 1 次灌服。

方 24　牵牛子 30～50 克,枳壳 40～70 克,常山 60～80 克。共为末,沸水冲调,候温。牛 1 次灌服。

十六、瘤胃臌胀(气胀)

【病　因】　瘤胃臌胀吃了大量易发酵的饲料,如带露水的幼嫩多汁青草,霜冻的草,或腐败变质的饲料等。当吃了大量新鲜豆科牧草,如苜蓿、豌豆藤、三叶草时,都很容易发酵。吃食腐败或霉烂饲料,不良青贮也都能引起本病。瓣胃阻塞,食管阻塞也能继发本病。

【症　状】　左腹明显膨大,紧张,有弹性,叩打如鼓响。精神沉郁,拱背呻吟。反刍和嗳气停止,呼吸促迫,伸颈瞪眼,结膜暗红色。

【治 疗】 本病发展迅速,应及时救治。可选用下列方法及处方:

方1 使病畜站在斜坡上,前高后低,用力按压。也可用臭椿树棍或木棒涂上食盐,横衔在口内,使不断舐食,或用手不断拉牛舌头,促使胃内气体排出。如果腹围显著膨大,呼吸高度困难,应穿刺瘤胃,排出气体。对气体难以排出的泡沫性臌胀,可经穿刺针孔注入煤油100毫升,以起消泡作用。

方2 烟叶50克(研碎),植物油500毫升。大牛1次内服。

方3 植物油500毫升,用勺熬沸,去火后投入辣椒70克,炸黄为度,立即把辣椒捞出,待油凉后加水适量。大牛1次内服。

方4 豆油500毫升熬沸,加入花椒末65克,再加草木灰100～200克,搅拌后加水调匀。大牛1次灌服。

方5 大蒜150克,麻油250毫升,食醋400毫升,混合。大牛1次灌服。

方6 莱菔子150克,芒硝150～200克,滑石65克,共为细末,加食用油500毫升,酸菜水(或醋)2碗,混合。大牛1次灌服。有条件时,最好服后给牛奶500～700毫升。

方7 碱面50～70克,溶解于200～300毫升水中,再与食油500毫升混合。大牛1次灌服。

方8 大蒜150克(捣碎),麻油200毫升,食醋300毫升,混合。大牛1次灌服。

方9 豆油200毫升,小苏打60克,大牛1次灌服。

方10 臭椿根皮35克,食醋500毫升,食油200毫升。将臭椿根皮煎汁,再混合醋、油。大牛1次灌服。

方11 枯矾(研细)20克,食醋、食用植物油、温水各300毫升,混合。大牛1次灌服,羊用此量的1/5。

方 12 生石灰 250 克,加水 5 升,溶化取澄清液。大牛 1 次灌服。

方 13 鸡粪白(鸽粪白更好)65～130 克,放在 500～800 毫升白酒内,煮沸 10 分钟,乘热加入植物油 300 毫升,调匀,候温。大牛 1 次灌服。

方 14 松塔、小茴香各 100 克,共同捣碎,加胡麻油 500 毫升,调匀。大牛 1 次灌服。

方 15 松树叶 100 克,加水 2 碗,煮汁 1 碗,加入胡麻油 250 毫升,大牛 1 次灌服。

方 16 鲜水萝卜 1 千克,葱 65 克,大蒜 100 克,食盐 40 克,共捣烂,加食醋 1 升。大牛 1 次灌服。

方 17 小茴香、川楝子(别名金铃子)各 100 克,连根韭菜 500 克,共同水煎 2 次得混合汁 1.5 升,候温。大牛 1 次灌服。

方 18 食醋 1 升,硼砂 30 克(研末),混合,大牛 1 次灌服。

方 19 食醋 500 毫升,白酒 150 毫升,大蒜(捣碎)150 克,混合。大牛 1 次灌服。

方 20 头发 65 克,放在 600 毫升棉籽油内炸焦,莱菔子 150 克(研细),大蒜 130 克(捣碎)混匀,候温。大牛 1 次灌服。

方 21 煤油 150～200 毫升,白酒 250 毫升,混合。大牛 1 次灌服。

方 22 食盐 30 克,碱面 15 克,大蒜 150 克(捣碎),白酒、温水各 0.5 升,混合。大牛 1 次灌服。

方 23 旧草帽(麦草编)1 个,煎汁 2 碗,加鸡蛋 5 个(用蛋清),混合。大牛 1 次灌服。

方 24 皂角 65 克,放在 500 毫升麻油内炸焦、捣碎,候温。大牛 1 次灌服。

方 25 豆秸灰 130 克,放在 500 毫升麻油内煮沸 10 分钟,候温。大牛 1 次灌服。

方 26 白酒 100 毫升,红糖 130 克,炒姜 65 克(捣碎),麻油 200 毫升,加水 500 毫升,调匀。大牛 1 次灌服。

方 27 生姜 20 克(捣碎),棉籽油 100 毫升,混合煮沸,晾凉去沫。大羊 1 次灌服。

方 28 葱根、蒜苗根各 50～100 克,麻雀粪(又名白丁香,以白者为佳)20～30 克,同用醋炒,捣成泥状,加白酒 50～100 毫升,水适量,调匀。大羊 1 次灌服。

方 29 椿树籽 30～150 克研末,加麻油 0.5 升混合。大牛 1 次灌服。

方 30 大蒜、小茴香各 150 克,灯心草 30 克,共同研碎,用沸水 2 升冲调,候温。大牛 1 次灌服。

方 31 菜油 0.5～1 升,食醋 300～500 毫升,混合。牛 1 次灌服。

方 32 鲜吴茱萸叶 200～250 克。捣烂加冷水适量。牛连渣灌服。

方 33 吴茱萸、烟叶各 50 克,共捣碎加水 1 升。牛 1 次灌服。

方 34 食盐 100～150 克,腌菜水 0.5～1 升,混合。待食盐溶化后给牛 1 次灌服。

方 35 鲜蚯蚓 100～150 克,洗净,加白糖 50～100 克。放入盆内混匀,待蚯蚓溶化后加入冷水 100～150 毫升。牛 1 次灌服。

方 36 小茴香 150～300 克,研末,沸水冲调,候温。牛 1 次灌服,羊剂量减半。

方 37 烟袋杆水(抽过烟的烟袋杆,把烟袋嘴取掉,口含清水吹洗烟袋杆内的烟油,反复几次)500 毫升。牛 1 次灌服。

方 38 煤油 50 毫升,石灰水 0.5 升(生石灰 200 克,常水 0.8 升,浸泡 4～12 小时后,取中层清液)与煤油同调。牛 1 次灌服。

方 39 鲜萝卜 1.5～2 千克,捣碎挤压取汁,加入食油 300～

500 毫升,调匀。牛 1 次灌服。

十七、重瓣胃阻塞(百叶干)

【病　因】 重瓣胃阻塞是由于瓣胃收缩力减弱,胃内容物的水分被吸收,逐渐干涸而引起秘结。饲喂粗硬的干饲料过多而饮水不足,特别是饮含泥沙的水;运动不足、过劳和前胃功能减弱时,易发生本病。此外,还可继发前胃弛缓、真胃变位等。

【症　状】 初期食欲、反刍减退,并有慢性臌气,排粪次数减少,粪便干燥,呈羊粪状,后期则排粪停止。触诊右侧第七至第九肋间与肩关节水平线处有痛感;瓣胃蠕动音减弱或停止。病情严重者卧地不起,鼻镜干燥,食欲废绝,反刍停止。

【治　疗】 加强护理,停食,多给水。选用下列处方:

方 1　面酱 0.5～1 千克,加水适量。大牛 1 次灌服。

方 2　芒硝 300～500 克,水 3～5 升。大牛 1 次内服。

方 3　动物油或食油 500～800 克,白酒 100～200 毫升,温水 3～6 升。大牛 1 次内服。

方 4　旧葫芦瓢 1 个,旧蒲扇 1 把,蜣螂 10 个,共焙干研末,加胡麻油 0.5～1 升,温水 1 千克,调匀。大牛 1 次内服。

方 5　食醋 2～6 升,食盐 150 克,温水 1～2 升,混合溶解后给大牛 1 次内服。

方 6　胡麻油 0.5～1 升,鸡蛋 5～10 个(用蛋清),混合。大牛 1 次灌服,大羊用此量的 1/10～1/5。

方 7　麻籽 1～1.5 千克炒黄,炒食盐 100 克,共研细末,沸水冲调,候温。大牛每日分早、晚 2 次灌服。

方 8　大黄 250 克,碱面、牵牛子各 65 克,生葱 300 克,共同捣碎,加麻油 0.5 升,沸水 1.5 升冲调,候温。大牛 1 次内服。

方 9　麻油 0.5～1 千克,头发 50～100 克(放油内炸焦)与麻油混合,牛 1 次灌服。或麻油 1 千克,头发 35 克(放油内炸焦),蜂蜜 250 克,加沸水 3 升冲调,候温。大牛 1 次内服。

方 10 活泥鳅 500 克,放在 1.3 升食醋内,待黏液分泌到醋里后捞出,加入麻油 400 毫升,蜂蜜 200 毫升,鸡蛋 5 个(用蛋清),水 0.6 升,混合。大牛 1 次灌服。

方 11 鲜柏树叶 500 克(捣碎),用水 2 升煎汁 0.5～1 升,去渣后加麻油 0.5 升,候温。大牛 1 次灌服。

方 12 柏子仁(别名侧柏子仁、木白实、柏肉)100 克(炒研),榆白皮 400 克(捣碎),加水 4 升煎汁 2 升,去渣,候温。大牛 1 次灌服。

方 13 滑石 65 克,大黄 150 克,芒硝 250 克,共研细末,用沸水 2.5 升冲调,候温。大牛 1 次灌服。

方 14 芒硝 250 克,牵牛子 40 克,共研细末,加熟猪油 0.5 千克,沸水 2 升冲调,加胡麻油 150 克,混合,候温。成年羊 1 次灌服,牛用此量的 5～6 倍,驼用此量的 10 倍。

方 15 韭菜根 0.5～1 千克,桑白皮 250 克,共加水煎汁 1 千,加食盐 90 克,麻油 0.5 升。大牛 1 次灌服。

方 16 糜子 200 克,放在 1 千克胡麻油内炸焦,候冷。大牛 1 次灌服。

方 17 芒硝 400 克,豆浆 2.5 升,酒 150 毫升,水 0.5 升,混合。大牛 1 次灌服。

方 18 白萝卜 5 千克(捣碎拧汁),猪板油 1 千克(切碎),混合。大牛 1 次灌服。

方 19 鲜韭菜 750 克(切碎),加水 2 升煮熟,加豆油 0.75 千克调匀,候温。大牛 1 次灌服。

方 20 严重梗塞,投药无效时,可在牛右侧第十肋骨前缘,肩关节水平线(距肋骨末端上 3～4 指)处,用长 13 厘米针头与胸壁垂直刺入重瓣胃,刺后,先注入少量生理盐水,抽出物可见混有食物残渣,证明已刺入瓣胃,然后注入 25% 精制芒硝灭菌溶液 0.4

升,或经消毒过滤的食醋 0.5 升。

方 21　胡麻仁 0.6～1 千克,菜油 0.5～1 升。用文火将胡麻仁煎煮 2 小时,候温,加入菜油。牛 1 次灌服。

方 22　蓖麻仁 0.5～1 千克研末,白萝卜 0.7～1 千克切碎,用水 3 升熬至 2 升,趁热冲调猪油 150～200 克,候温。牛 1 次灌服。

方 23　蜣螂 10～15 只烘干,菜油 250～500 毫升煮沸,把蜣螂放入菜油中炸酥,取出研末,调菜油,候温。牛 1 次灌服。

方 24　猪板油、蜂蜜各 0.5～1 千克,蝼蛄 10～20 个,将蝼蛄置瓦上焙干研末,再将板油切细,放入 1.5～3 升水中煮沸 2 分钟后捞出,待冷却后,与蝼蛄末、蜂蜜混合。牛 1 次灌服。

方 25　玉米面 1～2 千克,酒曲 125～250 克,混合,放入盆内加水适量,调成粥状,待玉米面发酵,有特殊酸味时,将食盐 100～200 克放入 2.5～5 升温水中溶化后,调稀发酵面。牛 1 次灌服。

方 26　菜油 0.5～1 升,煮沸待温,醋 0.5～1 升,混合。牛 1 次灌服。

方 27　田螺 300～500 克捣烂取汁,加水适量。牛 1 次灌服。

方 28　白萝卜 5～10 千克,切碎捣烂,牛 1 次连渣喂服。

方 29　白萝卜 5～7 千克切片煮烂取汁,生芝麻 500～700 克,仙人掌 0.5～1 千克去刺捣碎,混合。牛 1 次灌服。

方 30　鲜西瓜皮 3.5～5 千克。喂牛。

方 31　鲜侧柏叶 0.5～1 千克,捣烂后与水豆腐 250～500 克混合灌服,15 分钟后再给牛灌猪油 300～750 克。

方 32　芭蕉头 10～15 个捣烂取汁,加麻油 300～500 克和水适量。牛 1 次灌服。

方 33　榆树皮 200～300 克,加水 3 升,煎至 2 升,去皮渣,加入植物油 200～300 毫升,酸菜水 1 升,同调。牛 1 次灌服。

十八、翻胃吐草

【病　因】　翻胃吐草为家畜脾胃虚弱，胃不受纳而引起吐草的慢性疾病，与骨软症相似，由于使役无节，喂养失调，草料单纯，如喂饮失时，饥饿不均，使役过度，以致内伤阴冷，外感风寒，气血亏损，运化功能障碍，使草料中精微和矿物质不能运化而营养不良，日久则骨质疏松变形，导致吐草和四肢疼痛。

【症　状】　初起精神不佳，食欲减退，粪便粗糙，有时吐草；日久消瘦，毛焦肷吊，鼻面水肿。口吐混有涎沫的草团。严重者卧地难起。多发生于老弱马、牛。本病与现代医学的骨软症相似。

【治　疗】　选用以下处方：

方1　霜桑叶 120 克，蒲公英 150 克（鲜者用 500 克），伏龙肝 150 克，烧枣（去核切碎）70 克，生姜 30 克，共研细末，沸水冲调，候温。大畜 1 次灌服。

方2　炒盐 20 克，胡椒面 5 克，鸡蛋壳 100 克，小茴香 50 克，共研细末，沸水冲调，候温。大畜每日 1 次灌服，10 剂为 1 个疗程。

方3　甘草 150 克，生姜 80 克，炒食盐 50 克，伏龙肝 150 克，共研细末，用热白米汤 2 升调匀。大畜每日 1 剂灌服，连灌 5 日后改为煎汁 1 升灌服，再服 5 日为 1 个疗程。羊、猪用此量的 1/8～1/5。

方4　盐乌梅 50 克，伏龙肝 150 克，绿豆 250 克，水煎 2 次得混合汁 2 升。大畜 1 次灌服，羊、猪用此量的 1/5。

方5　麸皮（炒焦）、伏龙肝各 200 克，青萝卜 150 克（焙干），共研细末，加醋 500 毫升、沸水 1.5 升，调匀，候温。大畜 1 次灌服。

方6　鲜姜 150～200 克榨取姜汁，加入蜂蜜 100 克，水适量调匀。大畜 1 次灌服。

方7 法半夏 30 克,茯苓 60 克,生姜 100 克,伏龙肝 150 克,共研细末,沸水 1.5 升冲调。大畜 1 次灌服。

方8 旋覆花 100 克,乌梅 120 克,兽骨粉 100 克,共研细末,沸水 1.5 升冲调。大畜 1 次灌服。

方9 陈石灰面 500 克,化入 6 升水中.取上清液 2.5～3 升先服,再后服食醋 1 升。大牛每日 1 次灌服,5 次为 1 个疗程。

方10 生姜 120 克,苏子 150 克,茄子柄 200 克(焙干),共研细末,用淘米泔水 2.5 升煎沸冲调,候温。大畜每日 1 剂灌服。10 剂为 1 个疗程。

方11 韭菜 1 千克,生姜 120 克,共同切碎捣烂,加牛奶或豆浆 2 升调匀。大畜 1 次灌服,驼加倍,猪、羊用此量的 1/5。

方12 生姜 65 克,大蒜 70 克,神曲 130 克,共研细末,沸水 2 升冲调,候温。大畜 1 次灌服。

方13 田螺 7 个,食盐 25 克,大蒜 4 瓣,同捣为泥,沸水 1 升冲调,候冷。大羊每日分早、晚灌服完。

方14 生石膏 35 克,大黄 10 克,柿蒂 5 克,共研细末,沸水 0.5 升冲调,候温。驹犊 1 次灌服。

方15 蝼蛄、蜣螂各 7～8 个,陈皮 25 克,共同微火焙干研末,沸水冲调。成年猪、羊 1 次灌服。

方16 陈皮 15 克,芦根、炒白米各 100 克,共煎汁 400～700 毫升。成年猪、羊 1 次灌服。

方17 棉花壳 100 克,韭菜 500 克,生姜 50 克,水煎 2 次得混合汁 2 升,加食醋 0.5 升。大畜 1 次灌服,羊、猪用此量的 1/8～1/5,骆驼用此量的 2 倍。

方18 陈石灰 0.5 千克,加沸水冲化取上清液 1.5 升,鲜韭菜拧汁 0.5 升,鲜鹅血 250～500 毫升,混合。大畜 1 次灌服。

方19 葱白 50 克,生姜 30 克,红糖 100 克,共捣烂,适量沸水冲调,候温。大羊 1 次灌服。

方20 丁香 45 克,柿蒂 80 克,党参 100 克,生姜 60 克,共研细末,沸水冲调,候温。大畜 1 次灌服,羊、猪用此量的 1/5。

十九、兔便秘

【病　因】　本病是粪便阻塞肠道的疾病。喂料过多而又缺乏饮水,饱食而又无运动机会,青饲料占比例太少或草质粗劣,草中含土量过多,使粪便在结肠或直肠中停留过久而变得干硬。寄生虫堵塞肠道或患毛球病时也易发生便秘。

【症　状】　初期粪便减少,粪球细小坚硬;病后期胃肠膨胀,停止排粪。病兔表现烦躁不安,精神不振,食欲减少,甚至废食。

【治　疗】　可选用下列处方:

方1　内服麻油或其他植物油。大兔服 15～18 克,小兔服 5～10 克,灌服时加等量温水。同时施行腹部按摩。

方2　芒硝或人工盐 5～6 克,适量温水。成兔 1 次内服,仔兔减半。

方3　大黄苏打片 1～2 片,内服。每日 2 次。

方4　温肥皂水 30～40 毫升,灌肠。先让兔侧卧,固定好位置,用 1 根细橡皮管(如人用的导尿管),前端涂植物油,缓缓插入肛门,接上吸有肥皂水的注射器,注入直肠内。

方5　麻油 10 克,蜂蜜 10 克,温水 10 毫升,混合后口服。

二十、兔胃肠炎

【病　因】　饲喂腐败发霉或过度粗硬的饲料。突然改变草料或采食过多精料。胃肠道寄生虫病、骨软症、牙病可继发本病。

【症　状】　精神不振,不活动,食欲不好或突然不食。初期排稀粪,次数逐渐增多,严重时粪便常带脓性黏液,味恶臭。迅速消瘦,若治疗不及时,则很快死亡。

【治　疗】　可选用下列处方:

方 1 大蒜 2～4 克,捣碎,内服。每日 1 次,连服 2 天。或 1 份大蒜加 5 份水,捣成汁,每日 3 次,每次 5 毫升。

方 2 将大蒜 400 克捣碎,加白酒 1 升,浸 7 日,过滤去渣后即为大蒜酊。每只兔 2.5 毫升,加水倍量,内服,每日 2 次,连服 3 天。

方 3 木香 1 份,黄连 3 份,共研末。成年兔每次 0.5 克,幼兔减半。每日 3 次内服,连服 2 天。

方 4 饲料中加木炭末或锅巴(锅底烧黄的饭块)。任兔自由采食。

方 5 植物油 10～15 毫升,内服,清除肠道内含毒的粪便。经 8～10 小时后煎浓茶 1 碗,连同茶叶分次喂完。

方 6 喂服沙枣树叶,有一定疗效。

二十一、兔大腹病(臌胀)

【病 因】 兔大腹病是幼年仔兔易患疾病。由于采食了过多不易消化的或腐败变质的饲料,致使消化器官的功能受到障碍,加上运动不足等原因而发病。

【症 状】 食欲减退至废绝,腹部膨大,胃肠内充满气体,呼吸急促、困难。有的流涎,伏卧不安。可视黏膜潮红或发绀。

【治 疗】 可选用下列处方:

方 1 食油或蓖麻油 6～10 克,加等量的沸水。1 次灌服,并按摩腹部。

方 2 食醋 40 毫升。1 次内服。

方 3 大蒜泥 6 克,食醋 20 毫升,1 次内服。

方 4 獾油 1 汤匙(约 15 毫升),内服。妊娠母兔忌服。

方 5 芒硝 5 克,1 次内服。

方 6 大黄苏打片 1～2 片,内服。

方 7 萝卜汁 10～20 毫升,加多酶片 2～3 片,1 次内服。

二十二、兔胃食滞（伤食）

【病　因】　由于贪食过量精料,突然改变饲料,或吃了变质、腐败、或易发酵的饲料而引起本病。

【症　状】　兔采食后数小时内发病。表现不安,不吃食,腹部膨大,腹痛。触摸胃部,其内充满气体和食物。呼吸促迫,结膜潮红至发紫。

【治　疗】　停食 24 小时。可选用下列方法：

方 1　神曲 3 克,麦芽 3 克,山楂 3 克,加水煎汁灌服。小兔酌减。

方 2　食醋 30～50 毫升,内服。

方 3　蓖麻油或食油 6～10 克,内服。

方 4　大黄苏打片 0.5 克,内服。日服 2～3 次。

方 5　用手指轻轻按摩胃部,使食物往下运行。

二十三、鸡硬嗉病（嗉囊阻塞）

【病　因】　硬嗉病又称嗉囊阻塞。由于饲喂质劣的、粗硬多纤维和发霉的饲料、发酵膨胀饲料（如豆类、玉米等）,混有异物的饲料（如鸡毛、破布、麻绳、金属片、玻璃片等）。另外,日粮配合不当,突然更换也是诱发本病的原因。

【症　状】　病鸡精神沉郁,倦怠无力,食欲减退或废绝,翅膀下垂,不愿活动,嗉囊膨大,触摸坚硬,有时由口内发出腐败的气味。轻者生长发育迟缓,停止产蛋。重者由于胃肠全部阻塞,整个消化道处于麻痹状态,最后导致死亡。

【治　疗】　可选用下方：

方 1　植物油 2 克,芒硝 1 克,喂服。或用注射器将植物油注入嗉囊内,以手在嗉囊外部轻轻向食管方向揉压,使食物排入食管。

方2　普通水1升,加入小苏打15克,用注射器注入嗉囊内,反复多次,使嗉囊膨胀,将鸡头朝下,以手轻压挤出积食和水。嗉囊排空后,投予适量植物油。

二十四、鸡软嗉病

【病　因】　饲喂发霉或易发酵的饲料,以及吃了异物,如烂布团、细绳子、毛发、纸块、细长的杂草等易引发软嗉病。致使嗉囊无法进行消化作用,或者把食管塞住,引起嗉囊的发炎,嗉囊里的食物分解并产生气体,嗉囊胀大,充满气体,摸之感有软绵绵的食团,因而称此病为"软嗉病"。

【症　状】　嗉囊胀大充满气体,手摸感到有软绵食团。病鸡没精神,鸡冠乌紫,不吃食,乏弱爬卧,头颈伸展,常从嘴里发出腐败气味。按压嗉囊常从鼻孔流出有臭味的浑浊液体。如嗉囊堵塞,则呼吸困难,伸颈张口,重的窒息而死。

【治　疗】　可选用下列处方:

方1　把鸡头朝下提起,沿颈按摩嗉囊,同时用橡皮管将1%胆矾水灌到嗉囊内冲洗,把水放出后再按摩嗉囊。

方2　嗉囊积食过多时,灌服少量清水或植物油,轻捏挤嗉囊,使食物由口排出或向食管输送,待嗉囊松软,再用药物治疗。

方3　喂给大蒜2～4瓣,或灌服食醋1～2茶匙,每日1～3次。

二十五、鸡肠炎

【病　因】　鸡肠炎是肠黏膜的剧性炎症,往往侵害黏膜和黏膜下层组织。主要因为饲养管理不当,饲喂发霉变质的饲料,青饲料过多以及饮水不洁,蛋白质、淀粉饲料过多等。饲喂不定时、定量和缺乏砂砾帮助消化等。天气突变,受寒、中暑,食物中毒等也是诱因。此外,由于某些寄生虫,如蛔虫、球虫和绦虫也可继发本病。

【症　状】　消化不良引起的肠炎多发生于2～3周龄幼雏。病雏低头闭目，不吃食，羽毛逆立无光泽，两翼下垂，喜挤在炉旁取暖，腿有时麻痹，腹泻，肛门周围粘满粪便，最后衰弱而死。成鸡食欲减退，喜欢饮水，体弱无神，行动迟缓，呈嗜眠状，排软粪，以后排水样粪，多为黄白色，最后导致死亡。

【治　疗】　可选用下方：

方1　把木炭捣碎，按2％比例放在料槽里，让鸡自由啄食。

方2　芒硝3克，植物油3克，混合给成鸡灌服。给药后停食1～2次，再喂给大蒜4～5瓣。

方3　炒白术2克，炒扁豆3克，炒黄柏1克，水煎分2次服。

第二章　呼吸系统疾病土偏方

一、鼻出血（衄血）

【病　因】　鼻出血是血液由鼻腔或附属腔流出的现象。多因鼻腔黏膜、额窦、上颌窦或咽喉部等受损伤,如用手指检查鼻腔,发现牛和羊角骨折等。某些传染病（如炭疽等）,中毒（如升汞、慢性铜中毒等）、坏血病、鼻腔肿瘤及寄生虫（如羊鼻蝇幼虫等）也常有鼻出血现象。

【症　状】　由一侧鼻孔流出鲜红色血液。注意与肺出血及胃出血区别:肺出血时,由两侧鼻孔流出带泡沫的鲜红血液;胃出血时,由两侧鼻孔流出污褐、混有食物碎渣的血液。

【治　疗】　可选用下列处方:

方1　放阴凉安静处,抬高头部,冷水冲鼻额部。

方2　用2%白矾水冲洗鼻腔。

方3　冰片、血余炭（灰）各3克,共研末,用胶管吹入鼻腔内。也可不加冰片,加大血余灰量。

方4　地榆炭、栀子、棕炭、炒蒲黄各30克,共为细末,沸水冲调,加黄酒200毫升。大畜1次灌服。

方5　鲜大蓟350克,萝卜250克,共捣碎,用白茅根（别名茅根、丝茅根、地筋根、茅草根、甜根）500克煎汁冲调后,加蜂蜜200克,1次灌服。

方6　鲜墨旱莲草（别名鳢肠、墨汁草）1把,洗净晾干,捣烂取汁,浸透药棉,晒干再浸,连浸连晒5～6次,至药棉变黑为度。用时把药棉塞入鼻内。

方7　侧柏叶200克,桑叶250克,加水2.5升,煎汁1升,加蜂蜜100克调匀,候温。大畜1次灌服。

方 8 白茅根 150 克,藕节 200 克,鲜马齿苋 250 克,共同水煎 2 次得混合汁 2 升,候冷,加鸡蛋 6 个(用蛋清)。大畜 1 次灌服,猪、羊用此量的 1/5。

方 9 鲜小蓟或大蓟 300 克(干的 150 克),伏龙肝 200 克,共同煎汁 2 升,加陈醋 250 毫升,调匀。大畜 1 次灌服,猪、羊用此量的 1/5。

方 10 鲜艾叶 200 克(干的用 80～100 克煎汁),鲜苦苦菜 500 克,血余灰(炭)30 克,共同捣烂,加 10 个鸡蛋(用蛋清),调匀。大畜 1 次灌服,猪、羊用此量的 1/6～1/4。

方 11 鲜绿豆芽 200 克,鲜鸡冠花 100 克(干的 35～50 克煎汁),共同捣烂,加墨汁 100 毫升,10 个鸡蛋(用蛋清),调匀。大畜 1 次灌服,猪、羊用此量的 1/5。

方 12 鲜柏树叶 150～200 克(干的用 50～60 克),鲜蘑菇 100～150 克(干的用 50 克),鲜榆树皮 250～500 克(干的用 150～200 克),水煎 2 次得混合汁 2 升,加食醋 250 毫升,调匀。大畜 1 次灌服,羊、猪用此量的 1/5,骆驼用此量的 2 倍。

方 13 生石膏 300 克,槐角 150～200 克,小蓟 65 克,共煎汁 2 升,加 10 个鸡蛋(用蛋清),调匀。大畜 1 次灌服,羊、猪用此量的 1/10～1/6,骆驼用此量的 2 倍。

方 14 竹叶 50～100 克,槐花 50～100 克(干的用 40～50 克),鲜榆树叶 0.5～1 千克,共煎汁 2～3 升,加 10 个鸡蛋(用蛋清),调匀。大畜 1 次灌服,羊、猪用此量的 1/5,骆驼用此量的 2 倍。

方 15 百草霜 100～150 克,血余灰(炭)30～40 克,共研细末,用榆树皮 500 克煎汁 1.5～2 升冲调,候温。大畜 1 次灌服,羊、猪用此量的 1/5,骆驼用此量的 2 倍。

方 16 鲜荷叶 250 克,鲜槐叶 300 克,鲜韭菜 500 克,共同切碎捣烂,加 10 个鸡蛋(用蛋清),调匀。大畜 1 次灌服,骆驼用此量的 2 倍。

方 17 健康山羊血 0.5～1 升,兽骨炭 50～100 克(研细),加 10 个鸡蛋(用蛋清),调匀。大畜 1 次灌服,骆驼用此量的 2 倍。

方 18 海螵蛸 65 克,莲房炭 100 克,阿胶 150 克(打碎),用 沸水 2 升冲调,胶化后候微温。大畜 1 次灌服,羊、猪用此量的 1/ 5,骆驼用此量的 2 倍。

方 19 鲜马齿苋 500 克,西瓜秧(烧炭存性,研末)80～100 克,共同捣烂,高粱稀粥 3 碗,调匀。大畜 1 次灌服。

方 20 糯稻根 150 克。石榴皮 120 克(干的 50～60 克)黑豆 200 克,共煎汁 2 升,候温。大畜 1 次灌服。

方 21 玉米须 80～120 克,鲜车前草 100～150 克,共同捣 烂,加砂糖 150 克,用沸水 2 升冲调,候温。大畜 1 次灌服,猪、羊 用此量的 1/5。

方 22 紫背浮萍(别名水苏、水藓、田草)、菊花叶各等份,揉 烂塞入流血的鼻孔。治创伤性鼻出血。

方 23 白矾、百草霜各等份,研为细末,吹入出血的鼻孔。

方 24 大黄 150 克(研末),生地黄 100～150 克,煎汁 2 升, 候温。大畜 1 次灌服。

方 25 蚕退纸(亦名蚕连纸,即蚕蛾在纸上排卵孵化后粘着 卵壳的纸,烧灰存性)25 克,蜂蜜 100 克,沸水 1.5 升冲调,候冷。 大畜 1 次灌服,羊、猪用此量的 1/5。

方 26 蚕豆荚壳 200 克,煎汁 1.5 升,候温。大畜 1 次灌服。

方 27 三七 10～20 克。研细末加水灌服。

方 28 水田深处稀泥 0.5～1 千克,敷于牛天门穴(两耳根背 侧连线正中,枕寰关节间的凹陷中)。

方 29 先用凉水淋患畜头、背部,掏出鼻内血凝块。将龙骨 30 克研成粉末,吹入鼻内。

方 30 鲜韭菜适量,捣烂塞入鼻腔。同时灌服韭菜汁适量。

方31　百草霜、百草丹(牛粪烧灰)适量,共研末混合,吹入鼻孔。

方32　白茅根20～40克,竹叶15～30克。煎汤候温。大畜1次灌服。

方33　荆芥50～80克(炒黑),栀子30～60克,煎汤去渣,候温。大畜1次灌服。

二、感　冒

【病　因】　本病是由寒冷刺激所引起,以上呼吸道为主的急性全身性疾病。没有传染性,早春、晚秋多发。

【症　状】　患畜精神沉郁,头低耳聋,眼半闭,结膜潮红,有的轻度肿胀,怕光流泪。皮温不整,耳尖、鼻端发凉,体温升高,呼吸加快,食欲减退或废绝。病畜往往咳嗽,流水样鼻液。肺泡音增强,心跳加快,心音强盛。

【治　疗】　可选用下列处方:

方1　霜后黄瓜秧25克,大葱30克,煎汁适量,候温。成年羊1次灌服。

方2　大葱白20克,绿豆25克,鲜姜3片,煎汁适量。成年猪、羊1次灌服。

方3　生石膏35克,白糖40克,绿豆50克,煎汁适量。成年猪、羊1次灌服。

方4　鲜葱白65克,淡豆豉40克,生姜(或白芷)5克,加水煎汁300毫升。成年猪、羊1次灌服。大畜用此量的5倍。

方5　霜后白扁豆秧、大蒜各25克,共切碎捣烂,沸水冲调,候温。成年羊1次灌服。

方6　紫苏梗叶70克,生姜45克,加水煎汁700毫升,候温。大畜1次灌服。

方7　竹叶45克,薄荷30克,杏仁20克,连翘20克,加水煎汁1升，候温。大畜1次灌服。

方8　滑石60克，甘草15克，薄荷30克，研末，沸水冲调，候温。大畜1次灌服。

方9　扁豆花45克，金银花、藿香各40克，厚朴25克，加水煎汁1升，候温。大畜1次灌服。

方10　板蓝根100克，葛根（别名干葛、粉葛、甘葛、粉葛根）80克，鲜芦根200克，加水煎汁1升，候温。大畜1次灌服，羊、猪用此量的1/5。

方11　生姜15克，冰糖40克，煎汁250毫升，候温。成年羊、猪1次灌服。大畜可用生姜（切片）100～200克，红糖（炒焦）100～200克，加水2.5升，煮沸10分钟去渣，候温。1次灌服。

方12　野菊花（别名黄菊花、路边菊）100克（干的40克），大青叶（别名板蓝根或南板蓝根叶）50克，加水煎汁1升，候温。大畜1次灌服。

方13　麻黄（别名麻绒）25克，绿豆100克，加水煎汁1升，候温。大畜1次灌服，服后避风使耳根微汗。

方14　霜桑叶20克，西河柳（别名柽柳、红柳）15克，生姜5克，加水煎汁200毫升。大羊1次灌服，大畜用此量的4倍。

方15　冬梨6个，生姜20克，杏仁30克，共煎汁1.5升，加蜂蜜120克混合。大畜1次灌服。

方16　白菜根250克，生葱白50克，苏叶30克，加水煎汁150毫升。大畜1次灌服。

方17　鹅不食草（别名石胡荽、砂药草、球子草、不食草）45克，大青叶50克，加水煎汁1.5升。用200毫升冲洗鼻孔，其余供大畜1次灌服。

方18　贯众60克，薄荷45克，煎汁1.5升。大畜1次灌服。

方19　柴胡35克，金银花60克，防风35克，茵陈60克，煎汁1.5升。大畜1次灌服。

方 20 侧柏叶、蒜辫子、葱根各 100 克,苍耳子(或茎叶)80 克,白矾 50 克,共煎汁 3 升。给家畜冲洗鼻孔,每次适量,每日数次。

方 21 白杨树皮 200 克,薄荷 25 克,大青叶 45 克,荆芥 30 克,煎汁 1.5~2 升。大畜每日分 2 次灌服。

方 22 冬青叶 20 克,青蒿(别名黄花蒿、臭蒿、香蒿、香丝草)50 克,煎汁 200 毫升。成年羊 1 次灌服。

方 23 白菜根、萝卜各 100 克,红糖 50 克,葱白 35 克,共煎汁 200~300 毫升。成年猪、羊每日服完,大畜用此量的 5 倍。

方 24 黄花菜 45 克,白胡椒末 1.5 克,红糖 50 克,共煎汁 200 毫升,加食醋 50 毫升混合。成年猪、羊 1 次灌服。

方 25 生姜 100~200 克,大蒜 100~150 克捣烂,加入陈醋 250~500 毫升,温水适量。大畜 1 次灌服。

方 26 防风 30~50 克,生姜 20~40 克,伏龙肝 50~100 克,凤凰衣(别名孵化后的鸡蛋壳)10~20 个。上药加水 2 升,煎至 1 升,去渣与酒 100 毫升混合。大畜 1 次灌服。

方 27 鹅不食草、细辛、皂角各等份,碾细末,混匀。取药末少许吹入猪鼻腔中(无鹅不食草亦可)。

方 28 石膏 30~80 克,麻黄 2~4 克,桂枝 3~6 克,水煎服。治猪感冒。

方 29 大蒜 5~10 份,捣烂,用 90~95 份水浸泡半日,取浸液洗鼻,每日 2~3 次。治兔感冒。

方 30 葱白 10 克,生姜 3 克,食盐 2 克。煎汁 1 次服完。治兔感冒。

方 31 生姜 3 克,大蒜 1~3 瓣,煎汁混料中喂饲或灌服,每日服 2 次,连服 2 天。治兔感冒。

方 32 桑叶、嫩桑枝、桑根皮,选其中 1 种,用 15 克,加水煎服。治兔感冒。

方 33 白糖、绿豆各 500 克(100 只雏鸭用量),煎汁服用,连用3天。治雏鸭感冒。

三、鼻 炎

【病　因】　鼻炎是鼻黏膜的炎症。原发性的,多发生在感冒之后,吸入刺激气体如粪尿产生的氨气、尘土等。也可继发于某些传染病如流感等,或邻近器官炎症如咽喉炎等。

【症　状】　流鼻液,病初是浆液性.后则变为黏液性或脓性,往往在鼻孔周围结痂,鼻黏膜潮红肿胀,有时形成溃疡,呼吸不畅。一般体温不升高。颌下淋巴结稍肿大,有时并发结膜炎,应注意检查喉头及额窦以区分原发和继发。

【治　疗】　酌情选用下列处方:

方1　桑叶250克加水煮汁800毫升去渣,加蜂蜜120克、生姜100克(切碎),混合调匀,候温。大畜1次灌服。

方2　防风35克,桑叶、桔梗、大青叶各30克,辛夷(别名木笔)35克,甘草20克,共为末,沸水冲调,候温。大畜1次灌服。能祛风清热通肺窍。

方3　薄荷100克(干的80克),苍耳子80克(鲜茎叶200克),水煎2次得混合汁1升,浓缩成0.5升,加蛋黄油(煮熟的蛋黄炒出油)50毫升混合。每次用药棉蘸适量涂抹鼻孔黏膜上,每日数次。鼻黏膜红肿热痛时用。

方4　辛夷45克,白蒺藜50克,薄荷20克,煎汁1升。大畜1次灌服。鼻塞痒痛用。

方5　川芎30克,白芷40克,茶叶15克,共研末,葱白50克捣烂,沸水1.5升冲调,候温。大畜1次灌服。治寒痒疼。

方6　辛夷15克,苍耳子25克,黄柏30克,白芷20克,细辛15克,冰片5克,共研细末。每次吹入鼻孔少许,每日数次。治鼻肿痛流鼻液。

方7　紫皮蒜400克(捣汁),加生理盐水600毫升,麻油250

克,混合装入净瓶备用。用时摇匀,每次用药棉蘸此药液涂于鼻孔黏膜上。治萎缩性鼻炎。

方 8 鹅不食草 30 克,薄荷 10 克,白芷 15 克,冰片 5 克,共研细末。每次吹入鼻孔少许,每日数次,治慢性鼻炎。

方 9 西瓜秧(焙干)60 克,丝瓜秧(用近根者焙干)65 克,苍耳子 30 克,共研细末。沸水 1.5 升冲调。大畜 1 次灌服。治鼻炎蔓延成副鼻窦炎。

方 10 鲜大青叶 200 克,鲜瓦松 200 克,共同捣烂拧汁。用药棉蘸汁涂鼻黏膜上,每日 3 次。治鼻炎、副鼻窦炎。

方 11 鱼腥草(别名臭菜、猪鼻孔、侧耳根、臭根草、蕺菜)40克,荆芥 30 克,共研细末,加猪苦胆 3 个、白糖 60 克,沸水 1.5 升冲调,候温。大畜 1 次灌服。治急慢性鼻炎。

方 12 连皮老刀豆(焙干)100 克,丝瓜秧(焙干)60 克,共研细末,沸水冲调。大畜每日 1 次灌服。治慢性鼻炎。

方 13 荆芥穗 50 克,藕节(焙干)60 克,茶叶 15 克,热米汤冲调,候温。大畜 1 次灌服,治鼻炎流鼻液。

方 14 枇杷花 35 克,丝瓜络 60 克,辛夷 40 克,共研细末,加白糖 150 克,沸水冲调。大畜 1 次灌服。治鼻炎肿痛,呼吸不畅。

方 15 先用 10％白矾溶液冲洗鼻孔,再用炒盐、枯矾各等份研末,每次吹入鼻腔少许,每日 3 次。治流鼻液。

方 16 白矾 65 克(研末),猪苦胆汁 100 毫升,酸菜水 2.5升,调匀。大畜 1 次灌服。治肝肺湿热吊鼻。

方 17 荞麦面 250 克(炒成半生半熟),蜂蜜 120 克,沸水冲成稀糊,候温。大畜 1 次灌服。治鼻炎流脓涕。

四、喉炎(嗓黄)

【病　因】 喉炎是喉黏膜表层的炎症。多因受寒感冒和化学、温热、器械的刺激所引起。某些传染病如传染性上呼吸道炎等,以及邻近器官的疾病如鼻炎、气管炎等常伴发或继发喉炎。

【症　状】　咳嗽为主要症状,病初发干而痛苦的短咳,后变为湿性长咳。在早、晚吸入寒冷空气或饮冰冷的水,或采食混有尘土的草料以及剧烈活动时咳嗽加剧,有时发生痉挛性咳嗽。喉部触诊易引起剧烈的咳嗽,且显示痛苦。听诊有喉头狭窄音或湿性啰音。喉黏膜高度肿胀时呈呼吸困难。伴发咽炎时饮水常从两鼻孔流出,同时头颈伸直,吞咽困难。

【治　疗】　严重的要中西医结合治疗。一般可选用下列处方:

方1　雄黄(别名石黄、明雄、腰黄)、大黄、白矾各等份,共研细末,生葱、麻油适量,共调成糊。每日早、晚各敷于喉部皮肤1厘米厚。每次敷药前先用薄荷、苍耳草或籽各适量煎汁,将剪过毛的喉部洗净,并用此药水做蒸气吸入半小时。治喉肿咳嗽。

方2　胖大海50克,霜桑叶40克,蒲公英50克,煎汁2.5升。先用其蒸气吸入半小时,候温,给大畜1次徐徐灌服。重者每日早、晚各1剂。治喉炎肿痛咳嗽。

方3　薄荷50克,大青叶100克,野菊花或叶100克,共煎汁5升。每日分2次给大畜蒸气吸入半小时,候温,徐徐灌服。治喉炎痒痛咳嗽。

方4　雄黄4份,白矾10份,冰片3份,黄柏15份,青黛5份,硼砂4份,共研细末。用小纱布袋装药10克左右,放入家畜口中含漱(用带系于头部固定),吃草时取出,食后再放入,每日换药1~2次。治咽喉肿痛糜烂。

方5　鲜苇根2千克,鲜败酱草(别名取麻菜、苦荬菜、荬菜、荬菜)1.5千克,共同切碎捣烂拧汁,加淘米水1升,混合煮沸,候冷。大畜徐徐灌服。

方6　薄荷60克煎汁1.5升,加白糖100克、鲜萝卜汁1.5升、生姜汁50毫升。大畜徐徐灌服。清喉消肿止痛。

方7 霜丝瓜5个,蝉蜕50克,均切碎煎汁1.5升,加白糖100克调匀,候温。大畜1次徐徐灌服,羊、猪用此量的1/5。利咽喉消肿痛。

方8 生冬瓜子(捣碎)100克,茶叶30克,胖大海50克,共煎汁2升,候温。大畜1次徐徐灌服,羊、猪用此量的1/5。消肿毒,止疼咳。

方9 菊花60克,桑白皮100克,百合80克,加水3升煎2次得混合汁2升,再加蜂蜜100克调匀,候温。大畜1次徐徐灌服,羊、猪用此量的1/5。能滋润清理咽喉。

方10 雪梨5个,枇杷叶100克,地骨皮60克,加水3升煎汁2升,再加蜂蜜100克调匀,候温。大畜1次徐徐灌服,羊用此量的1/5。清喉止咳。

方11 蝉蜕40克,诃子(别名诃黎勒)50克,僵蚕35克,乌梅30克,加水3升煎汁2升,候温。大畜1次徐徐灌服。利喉止疼,祛风消痰。

方12 牛蒡子(别名牛子、鼠黏子、大力子)50克,甘草40克,藕节100克,桔梗30克,加水3升煎汁2次得混合汁2升,候温。大畜1次徐徐灌服。清热止咳。

方13 新槐角(籽、花皆可)35克,冬瓜仁(捣碎)100克,菖蒲根50克,加水4升煎汁3升,候温。大畜每日分2次徐徐灌服。能清喉开窍。

方14 白芥子30克(研末),加绿豆面300克、鸡蛋7个(用蛋清),用食醋调成糊状。涂于喉头肿胀部一层,2小时后,用薄荷、艾叶等份煎汤洗净,每日早、晚各涂1次。消肿止痛。

方15 白杨树皮250克,鲜柳树枝150克,白萝卜茎叶500克,加水5升煮沸做蒸气吸入半小时,然后滤汁,候温。大畜徐徐灌服1.5~2升,每日早、晚各1次。消肿痛,祛痰止咳。

方16 苦豆子(别名狐尾槐)根适量捣碎,装入小纱布袋中,用带拴于头部,放口中含漱。能消肿解毒。

方17　鲜槐叶、鲜柏叶、生葱各等份,共捣碎烂,用鸡蛋清调敷肿痛处。治喉炎红肿热疼。

方18　鲜槐叶200克,蒲公英100克,生葱60克,蜂蜜100克,加水煎汁2升。大畜1次徐徐灌服。治喉肿发热咳嗽。

方19　蟾蜍1只(捣烂),槐耳(别名槐菌、槐鸣、槐鹅、槐蛾)250克,煎汁2升,加食醋200毫升调匀。大畜1次徐徐灌服。攻毒消肿。

方20　蟾蜍4只,剖肚去肠杂,各装满蒜泥焙焦,加雄黄30克共研细末。分为4份,每日早、晚各用1份,沸水冲调,候温。大畜徐徐灌服。治喉肿恶症。

方21　患部用10%食盐水热敷。治急性喉炎。

方22　渗出物特别黏稠,痰液不能排出时,可用小苏打、小茴香末各30~50克,沸水调匀,候温。马、牛1次灌服。

五、支气管炎

【病　因】　支气管炎是支气管表层黏膜的炎症,其主要特征是咳嗽。多因天气骤变受寒冷刺激,吸入刺激性气体或药物而发病。可继发于感冒、咽喉炎等。

【症　状】　急性支气管炎体温多为微热或中热,精神不振,食欲减退。病初为干短而强的持续性咳嗽,以后呈湿性长咳。流黏液性或黏液脓性鼻液。气管敏感,触压喉头即咳。胸部听诊肺泡音增强,有干、湿啰音。慢性者体温一般正常,被毛蓬乱无光,常有阵发性咳嗽,多为黏液脓性鼻液。胸部可听到啰音和特殊的呼吸音。

【治　疗】　可选用下列处方:

方1　白矾、滑石各40克,大黄45克,共研细末,沸水2升冲调,加酥油150克溶化后候温。骆驼1次灌服。治慢性支气管喘息。

方2　蜂蜜100克,鸡蛋6个(用蛋清),白矾(研末)50克,用微温米汤调匀。大畜 1 次灌服。治慢性支气管喘咳。

方 3　血余炭 35 克，蜂蜜 120 克，沸水 1.5 升冲调，候温，加鸡蛋 7 个。大畜 1 次灌服。治慢性支气管喘咳、鼻出血。

方 4　向日葵花盘(去籽)500 克，煎汁 1.5 升，鲜韭菜 500 克(捣烂取汁)，鸡蛋 8 个(用蛋清)，蜂蜜 120 克，共调匀。大畜 1 次灌服，羊、猪用此量的 1/5。治感冒日久、肺热咳嗽。

方 5　韭菜根 250 克煎汤 1.5 升，加葶苈子末 35 克冲调候凉，加白糖 150 克，鸡蛋 6 个(用蛋清)，混合。大畜 1 次灌服。治气管炎咳喘日久体虚。

方 6　火麻仁 250 克捣碎，胡萝卜 1 千克切碎捣烂，沸水冲调，加蜂蜜 100 克。大畜 1 次灌服。治慢性气管炎久咳、粪干。

方 7　南瓜(去籽切碎)2 千克，加水 2.5 升煮嫩熟，去渣取汁，生姜 40 克(切碎拧汁)，白糖 150 克，调匀，候温。大畜每日 1～2 剂灌服，连服 2 周。治慢性气喘咳嗽、不耐寒冷。

方 8　熟猪油 150 克，大蒜泥 50 克，蜂蜜 100 克，白矾(研末)20 克，加温水适量调匀。大畜 1 次灌服，羊、猪用此量的 1/5。治慢性支气管炎咳嗽发喘、便干。

方 9　大黄 100 克(研末)，蜂蜜 250 克，浆水 2.7 升，调匀。骆驼 1 次灌服。治慢性支气管炎喘咳、便干。

方 10　牛蒡子 60 克，杏仁 50 克，甘草 100 克，炒糯米 250 克，共研细末，沸水冲调，候温。大畜 1 次灌服。治肺燥气虚咳嗽。

方 11　苏子 100 克，生姜 50 克，蜂蜜 100 克，杏仁 50 克，水煎 2 次得混合汁 1.5 升，加酥油 100 克调匀。大畜 1 次灌服，羊用此量的 1/5。治肺寒咳喘。

方 12　白萝卜 1 千克，皂角刺 5 克，枇杷叶 100 克，煎汁 1.5 升。大畜 1 次灌服，羊用此量的 1/5。治肺热咳喘胸痛。

方 13　鲜韭菜、白萝卜各 500 克，杏仁、牛蒡子各 50 克，共切碎捣烂，沸水适量冲调。大畜 1 次灌服，羊、猪用此量的 1/6～

1/5。治急、慢性支气管炎咳喘发热。

方14 冬瓜子100克,莱菔子80克,白芥子40克,共炒研末,沸水冲调,候温。大畜1次灌服,猪、羊用此量的1/5。治气管炎咳喘、多痰涕。

方15 丝瓜(焙干研末)120克,鲜百合(捣烂)150克,用大枣30个煎汤1.5升冲调,候温。大畜1次灌服。治喘咳日久气虚、痰涕黏稠。

方16 白茅根150克,榆树皮200克,车前草(或车前子)100克,煎汁1升。大畜1次灌服,猪、羊用1/5量。治喘咳涕痰或粪尿带血。

方17 芹菜根250克,白萝卜500克切碎,陈皮45克,共煎汁2升,候温。大畜1次灌服。治气管炎干咳微喘。

方18 玉米须30克剪碎,瓜蒌、芝麻各100克,生姜45克,捣研细碎,沸水冲成稀糊,候温。大畜1次灌服。治肺虚久咳、痰喘胸闷。

方19 蔓菁(别名芜菁、大芥、葛菜、蕹菜)200克切碎,豆腐500克捣碎,沸水冲调。大畜1次灌服。治风热咳嗽气喘。

方20 蚱蜢(别名草蜢、蝗虫)50～100个焙干研末,鲜南瓜藤250克(捣拧取汁),白米汤适量调匀。大畜1次灌服。治慢性咳喘、涕痰黏稠。

方21 南瓜蒂150克,冬瓜藤200克,扁柏叶100克,大枣40个,共煎汁适量。大畜1次灌服。治肺虚痰火咳喘。

方22 冬瓜子100克,豆腐500克,白桑甚200克,共捣碎烂,白米汤适量调匀。大畜1次灌服。治肺热咳嗽日久、涕痰不利。

方23 马齿苋200克,槐米50克,芫荽100克,共同捣烂,加蜂蜜60克,米汤适量调匀。大畜1次灌服。治急慢性咳喘、涕痰黄黏、恶臭。

方24 枣树皮150克,丝瓜200克,共煎汁2升,加米糠200

克、白矾 35 克研末,调匀,候温。大畜 1 次灌服。治肺虚痰火喘咳、胸疼。

方 25　柏树叶 100 克,猪肺 500 克,白胡椒 15 克(研末),加水煮熟去柏叶,连肺和汤捣和给大畜灌服。治肺虚咳嗽日久、涕痰带血。

方 26　苦苦菜 500 克,葱根 50 克,梨 200 克,共捣碎烂,加米汤适量调匀。大畜 1 次灌服。治阴虚肺燥、咳嗽气促。

方 27　露蜂房 50 克焙干研末,用艾叶、桑叶、槐枝各 50 克煎汁适量冲调,候温。大畜 1 次灌服。

方 28　蚯蚓 45 克(活的用 15～20 条),鲜艾叶 45 克(干的减半),车前草 100 克(或车前子 60 克),水煎 2 次共得混合汁 2 升,加白蜂蜜 100 毫升,调匀,候温。大畜 1 次灌服。

方 29　龙葵(别名天茄子、苦葵、天泡草、假辣椒、七粒扣)全草 200 克(干的 150 克),甘草 50 克,侧柏叶 100 克,共煎汁 2 升。大畜 1 次灌服。治慢性气管炎咳喘多痰涕。

方 30　白皮松塔 150～200 克,三棵针(别名大叶小檗、刺黄连、刺黄柏、鸡脚刺、蠔猪刺)皮 100～150 克(干的 30 克),水煎 2 次共得混合汁 2 升。大畜 1 次灌服。治咳喘发热。

方 31　棉花根 250～300 克,白蜡树皮(别名女贞皮)45～50 克,水煎 2 次得混合汁 1.5 升。大畜 1 次灌服。治体虚咳嗽痰涕多。

方 32　鸡蛋 5 个(用蛋清),白及(别名白芨、白根、连及草、日根)末 30 克,炒莱菔子 120 克,共为末,沸水调服。每日 1 次,连用 3 天。治急性支气管炎。

方 33　竹叶 60 克,白茅根 90 克,炒莱菔子 120 克,共为末,沸水冲调,加入蜂蜜 120 克。大畜每日 1 次灌服,连用 3～5 天。治急性支气管炎。

方 34　卤碱(别名卤盐、塞石)50～100 克,温水调服。大畜 1 次量。

方 35 食醋 500 克,甘草末 30 克,冰片 9 克,温水适量调服。每日 1 次,连用 3 天。治大畜慢性支气管炎。

六、小叶性肺炎(支气管肺炎)

【病　因】 小叶性肺炎是支气管与肺小叶同时发生的炎症。症状与支气管炎基本相同。受寒感冒、饲养管理和使役不当等,肺炎球菌、霉菌等可引发本病。也继发于上呼吸道炎症。

【症　状】 此病可突然发生,全身症状明显,结膜充血,呼吸促迫,有干痛咳嗽。在全身症状恶化时表现精神沉郁,食欲减退或不食,饮水增加,鼻液不多。炎症蔓延到支气管则鼻液较多,呈浆液性或黏液性。病情加重后,体温升至 40℃以上,多呈弛张热型,呼吸浅表频数,重者呼吸困难。脉搏常随体温升降而增减。肺部叩诊呈点状浊音,如多数病灶融合,可出现较大的浊音区。听诊肺泡音减弱,病初有微细的捻发音,后可听到湿啰音。病重者有时可听到支气管呼吸音。

【治　疗】 可选用下列各方:

方 1 青蛙 10~15 个捣碎,白矾 35 克研末,加鸡蛋 7 个(用蛋清),白糖 250 克,用米泔水 1 升混合。大畜 1 次灌服。治劳热咳喘、痰涕带血或水肿。

方 2 石膏 200 克,竹叶 50 克,麻黄 25 克,甘草 50 克,水煎去渣候温加芒硝 120 克溶化。大畜 1 次灌服。羊、猪用此量的 1/5。治咳喘发热、便干。

方 3 蒲公英 100 克(鲜的 200 克),石韦(别名石苇,金汤匙、飞刀剑、石剑、石兰)40 克(鲜的 80 克),浮萍 65 克,水煎 2 次得混合汁 1.5 升,加白糖 250 克,候温。大畜 1 次灌服,羊、猪用此量的 1/5。治咳喘发热。

方 4 白茅根 100 克,鲜芦根 250 克,石膏 150 克,水煎 2 次得混合汁 1.5 升,加蜂蜜 100 克调匀,候温。大畜 1 次灌服。治发热喘咳不安。

方5 桑皮、地骨皮、天花粉各100克,蒲公英200克,共研细末,沸水2升冲调。大畜1次灌服。治咳喘发热、胸胁胀痛。

方6 鲜三棵针皮150克,鲜龙葵茎叶或果100克,杏仁35克,瓜蒌120克,捣碎沸水冲调,候温。大畜1次灌服。治喘咳发热、胸疼。

方7 银柴胡45克,蒲公英100克,鲜杨树叶500克,共煎汁2升,候温。大畜1次灌服。治咳喘发热、身疼懒动。

方8 芹菜500克,鲜柳树叶200克,麻黄25克,共煎汁1.5升,加猪苦胆汁100毫升调匀,候温。大畜1次灌服。治喘咳发热、恶寒体痛腰直。

方9 皂角刺45克,紫花地丁(别名剪刀草、兔耳草、紫花堇菜)50克(鲜的100克),大蒜100克,共捣碎烂,沸水冲调,候温,加蜂蜜100克。大畜1次灌服。治咳嗽发热、便干。

方10 鲜荷叶150克,鲜野菊花100克,露蜂房30克焙干研末,共捣碎烂,沸水冲调,候温。大畜1次灌服。治肺热喘咳、舌红口臭。

方11 鲜竹叶50克,鲜杨树叶150克,活蚯蚓50条,鲜车前草200克,共捣烂,沸水冲调,候温。大畜1次灌服。治咳喘高热。

方12 活蚯蚓30条,用白糖适量化开,加鲜猪苦胆汁100毫升,沸水冲调,候温。大畜1次灌服。治肺炎发热、抽风。

方13 鲜苦苦菜300克,白松塔150克,煎汁1.5升,加蜂蜜100克调匀,候温。大畜1次灌服。治发热喘咳、便干、口舌肿痛。

方14 鲜侧柏叶250克(捣烂),枯矾25克,青萝卜(捣烂拧汁)500毫升,鸭蛋5~8个,麻油500毫升,调匀。大畜1次灌服。

方15 精制卤碱粉15~30克,水适量。大畜1次内服。

方16 冰片6克,硼砂15克,麻油250克,鸡蛋8个(用蛋清),水适量。大畜1次灌服。

方 17 硫磺末 0.5 克,甘草末 10 克,鱼肝油 2 毫升,加少量水,混合为舐剂。大畜每日 1 次,连用 10 天。猪、羊用量酌减。

七、大叶性肺炎(纤维素性肺炎)

【病　因】 大叶性肺炎是广大肺叶的一种急性、纤维素性炎症。原因还未充分阐明。感冒、过劳等可诱发本病。流行性感冒等可继发本病。

【症　状】 病初体温急剧增高至 40℃～41℃或以上,持续 7～8 日,呈典型的稽留热。心音亢进,每分钟达 60～100 次。病初呼吸次数并不增快,其速度与体温相反,在消散吸收期忽然加快(每分钟 70～80 次)。呼吸困难,呈腹式呼吸。精神沉郁,食欲大减或废绝,皮温不整。口色赤红而干,舌质硬,可视黏膜充血、黄染。咳嗽有时不明显,有时出现阵发性的湿性痛咳。病初很少有鼻液,发病 2～3 天后流出铁锈色或棕红色的鼻液。病初肺泡音粗厉,以后出现支气管呼吸音,如有好转则出现湿性啰音,后来逐渐听到肺泡呼吸音而转为正常呼吸。肺部叩诊,病初在肘后有半浊音区,继则出现典型的弧形浊音区,浊音区保持 3～5 天不变,以后如好转,则浊音区逐渐缩小,并转为鼓音或清音。

【治　疗】 必须中西医结合治疗。中草药可选用下列处方:

方 1 麻黄 24 克,生石膏 100 克,炒杏仁 35 克,黄芩 40 克,甘草 30 克,共为末,沸水冲调,加蜂蜜 120 克,候温。大畜每日 1 剂灌服,连服数剂。治干痛、咳嗽发热。

方 2 鲜三棵针皮 150 克,鲜蒲公英 200 克,紫皮大蒜 100克,共捣碎烂,加鸡蛋 10 个(用蛋清)、食醋 500 毫升,调匀。大畜1 次灌服。治喘咳发热、胸痛、苔厚色赤。

方 3 鲜芦根 200 克,冬瓜子 60 克捣碎,葶苈子 50 克,车前草 150 克,共煎汁 1.5 升,候温。大畜 1 次灌服。喘咳、粪干、尿赤涩时用。

方4 大青叶45克,黄芩40克,蒲公英80克,大蓟50克,共煎汁1升,加食醋500毫升调匀,候温。大畜1次灌服。病初期用。

方5 瓜蒌、鲜野菊花各100克,桑白皮150克,鱼腥草80克,加水煎汁1.5升。大畜1次灌服。病初、中期用。

方6 鲜苦苦菜、鲜小蓟各200克,丝瓜150克,共煎汁1.5升,加食醋500毫升。大畜1次灌服。流铁锈色鼻液时用。

方7 三棵针皮100克,麻黄25克,生姜65克,水煎2次得混合汁1.5升,去渣,加豆腐1千克。大畜每日1次灌服。羊、猪用此量的1/5。治咳喘有痰鸣,发热多鼻液,若痰涕如铁锈色时则去生姜加侧柏叶100克。

方8 鲜槐花150克,鲜龙葵全草200克,共煎汁1.5升,马勃(别名轻马勃、净马勃,为马勃科马勃菌的子实体菌体)(焙干存性研末)60克,露蜂房(焙存性研末)50克,和前煎汁调匀。大畜1次灌服。治重症发热,渗出及有铁锈色鼻液时用。

八、肺气肿(肺胀)

【病　因】　肺气肿是肺泡内空气增多,肺泡过度扩张,弹性减退的一种疾病。长期服重役是主要病因。上呼吸道的急性炎症,剧烈频咳能引起急性肺泡气肿,老龄家畜易患慢性肺泡气肿。此外,慢性支气管炎,上呼吸道狭窄等常继发慢性肺泡气肿。

【症　状】　急性肺气肿多在使役中突然发病。结膜呈蓝紫色,呼吸促迫,腹扇鼻乍,胸外静脉怒张。有低弱短咳。肺部叩诊呈鼓音,叩诊界扩大。听诊病初肺泡音增强,以后减弱。慢性者体温正常或稍高。呼吸困难,次数显著增加,可多达每分钟60次以上。腹壁扇动,或连发低弱的咳嗽,呼吸长而用力,常呈二重呼气,沿肋弓下形成一条明显的纵沟(息劳沟)。肛门随呼吸动作内外移动。听诊肺泡音减弱。并发支气管炎时,有各种啰音,如飞箭音和啸音等。听诊呈鼓音,肺叩诊界扩大2~3指,第二心音高朗,结膜呈蓝紫色,有的病畜肩部皮下出现气肿,触之有捻发音。

【治疗】 目前尚无理想的治疗方法。主要是加强护理。充分休息,给予易消化的饲料。对症治疗可选用下列处方:

方1 紫苏子85克,葶苈子60克,白芥子50克,生姜40克,共煎汁1.5升,候温,大畜1次灌服。治肺寒实喘。

方2 白矾40克,莱菔子160克,葶苈子60克,共研细末,黄米汤冲调,候温。大畜1次灌服。治喘咳痰鸣。

方3 紫花地丁100克,蒲公英、冬瓜子(捣碎)各150克,共煎汁150毫升。大畜1次灌服。治发热气喘。

方4 金沸草(即夏季割取的旋覆花全草晒干。旋覆花茎、叶、花亦可)100克(湿的200克),棉花根150克,侧柏叶60克,共煎汁1.5升,候温。大畜1次灌服。治虚喘。

方5 活蚯蚓50~100条,加白糖适量溶化,再加猪胆汁150毫升,鸡血200毫升,加适量温水,调匀。大畜每日1次灌服,7日为1个疗程。治发热喘咳。

方6 霜桑叶150克,生姜50克,杏仁40克,共煎汁2升,加黑芝麻(炒,捣碎)100克,柿饼10个(捣烂),调匀。大畜1次灌服。治喘咳气短。

方7 健畜胎衣胎盘(阴干研末)100克,皂角30克(研末),猪苦胆汁100毫升,混合加沸水适量冲调,候温。大畜1次灌服。

方8 麻黄15~45克,桑根皮100克,冬瓜500克,洋金花(别名曼陀罗花、山茄子、风茄儿、南洋金花)2克,共煎汁1.5升。大畜每日1次灌服,7日为1个疗程,羊、猪用此量的1/5。治喘急气短,痛咳少痰涕。

方9 艾蒿叶65克(鲜的加倍),皂角刺40克,共煎汁1.5升,白萝卜1千克,捣碎调入,候温。大畜1次灌服,羊、猪用此量的1/6。治喘多咳少发热。

方10 蟾蜍3只,每只经口塞入白胡椒15粒,黄泥封裹,火中煅存性,研末,另用甘草 200 克煎汁 1.5 升冲调,候温。大畜每日 1 次灌服,5 日为 1 个疗程。

方 11 信石(别名砒石、砒霜,有剧毒,马、牛用量 0.1 克)1份,白矾、淡豆豉各 10 份,共研细末。大畜每次用白米粉粥 3 碗调入药末 3 克,候温灌服,每日 1 次,连服 3 天;羊、猪可试用此量的1/5。如有呕吐腹泻、血尿、蛋白尿、眩晕跌扑、紫绀、惊厥、麻痹等中毒症状时,随时停药,并用二巯基丙醇解毒。

方 12 炒花椒皮、皂角各 10 克,葶苈子 30 克,干姜 5 克,桑根皮(焙干)15 克,共研细末,沸水冲调,候温。成年羊每日 1 剂灌服,牛用此量的 5 倍,骆驼用此量的 8～10 倍。治肺胀发喘,不能伏卧。

方 13 桃仁去皮(炒)15 克,杏仁去皮(炒)12 克,干姜 5 克,共研细末,沸水 250 毫升冲调,加蜂蜜 20 克,调匀。成年羊每日 1剂灌服,牛用此量的 6～8 倍。治喘急不安,舌底发青。

方 14 石膏(研末)15 克,麻黄 12 克,棉花根 25 克,加水煎汁250 毫升,候温。成年羊 1 次灌服,大畜用 5 倍量。治痰涕多,恶寒发热,痰鸣发喘。

方 15 地骨皮 45 克,桑根皮 50 克,紫苏茎叶 55 克,甘草 60克,共研细末,沸水调匀,候温。大畜 1 次灌服。治实热喘促,烦躁鼻干。

方 16 罂粟壳 30 克,棉花根 100 克,陈皮 40 克,甘草 35 克,煎汁 2 升。大畜 1 次灌服。治慢性喘咳不止。

方 17 杏仁 40 克,葶苈子 50 克,皂角 35 克,共研细末,沸水冲调,加蜂蜜 100 毫升。大畜 1 次灌服。治喘咳流臭浓涕痰,发热不食。

方 18 棉花根(晒干)65 克,干姜 30 克,胡桃仁 200 克,共研末,另用大枣 50 个煎汤 2 升调药。大畜 1 次灌服,羊、猪用此量的1/5。治肺虚久喘,遇寒则发。

方 19　陈皮 50 克,薄荷 45 克,苏子 40 克,共研末,干柿饼 200 克捣碎,沸水共调成稀粥状。大畜 1 次灌服,每日 1～2 剂,羊、猪用此量的 1/5。治喘逆,流鼻液。

方 20　猪胰脏 250 克,羊肺脏 500 克,桃仁 40 克,杏仁 35 克,共同煮熟,连汤渣一起捣碎调匀。大畜 1 次灌服。治肺虚久喘,有痰鸣。

方 21　轻粉(别名汞粉、腻粉,为水银升炼而成,有毒)0.5 克,鸡蛋 10 个(用蛋清),调匀蒸熟,甘草 140 克煎汁 1.5 升调入前药,候温。大畜 1 次灌服。治发喘吐沫。

方 22　生姜 50 克,大蒜 80 克,共捣如泥,沸水 1.5 升冲调,加酥油 150 克,候温。大畜每日 1 次灌服,羊用此量的 1/5。治肺寒久喘、大便不利。

方 23　雄黄 1 克,巴豆霜(巴豆末纸包去油)0.3 克,白萝卜(切碎)100 克,加水煎汁 250 毫升,候温。成年羊 1 次连渣灌服。治喘逆眩悸不安。

方 24　花生衣 30 克研末,黍米 150 克,加水煮成稀粥,候温。成年羊 1 次灌服。治燥咳久喘。

方 25　羊肺 1 千克,红花 40 克,水煮熟烂,加猪胆汁 100 毫升。连汤给大畜 1 次灌服。治肺虚久咳,痰热烦喘。

方 26　何首乌(别名夜交藤、赤葛地精、夜合)150 克,红花 35 克,全瓜蒌 100 克,共捣碎烂,沸水冲调。大畜 1 次灌服。治痰喘日久,心肺亏虚。

方 27　石韦 80 克,苦参 40 克,桑根皮 85 克,麻黄 25 克,共煎汁 1.5 升。大畜 1 次内服,羊、猪用此量的 1/5。治劳伤久喘。

方 28　盘龙草(别名伸筋草、石松、过山龙、日影葛)120 克(研成细末),鲜芦根 60 克,杏仁 30 克,萝卜 1 千克,大米 250 克。加水煎汁,加入酥油 120 克,冰糖 90 克,混合。大畜 1 次灌服。

方 29　鲜蚯蚓 300 克洗净内脏捣碎,白果仁 300 粒,石膏 300

克,均研末,三者混合,加入蜂蜜、麻油各 300 克,沸水冲调,候温加入鸡蛋 8 个(用蛋清)。大畜 1 次灌服。

方 30 黄酒 250 毫升,蜂蜜、麻油各 200 克,温水冲调。成年牛 1 次灌服。治牛干活出汗,喝冷水以后发喘。

方 31 青蛙 5～7 个或活蝌蚪 100 克捣碎,加猪胆 2 个,凉开水冲调。成年牛 1 次投服。治热伤发喘。

方 32 血余炭、黄柏面、黄芩面各 120 克,枯矾、白矾各 60 克。共为细末,沸水冲调后,加蜂蜜 200 克,鸡蛋 6 个(用蛋清)。大畜 1 次灌服。

方 33 核桃 5 个,石莲子 80 克,均连皮烤熟去壳研细,另加冰糖 100 克,沸水冲调。大畜 1 次灌服。

九、兔 肺 炎

【病　因】 由于气候变化,忽冷忽热,受凉感冒兔易发生肺炎。主要因受凉,使气管和肺组织的抵抗力降低,一些病原菌乘虚而入。

【症　状】 精神不振,打喷嚏,流鼻液,咳嗽,呼吸困难。食欲减退或废绝。体温升高。

【治　疗】 可选用下列处方:

方 1 生地黄 3 克,柳树皮 30 克,熬水,自饮或灌服,连服 3～5 天。

方 2 苍耳子 2 克,桑白皮 6 克,茄子把 12 克,煎汁晾凉。让兔自饮或灌服。

方 3 桑叶或嫩桑枝 15 克,加水煎服。

方 4 苦参、枇杷叶、葶苈子各 1.5 克,加水煎后,倒入饲料中分 2 次喂服。

方 5 威灵仙根(别名铁扫帚、风车)5 克,鱼腥草 10 克,加水煎服。

第三章 心脏疾病土偏方

一、心力衰竭（心脏衰弱）

【病　因】 心力衰竭是心脏收缩力减弱的一个统称。急性常由剧烈运动，强度使役而引起；长期休闲或肥胖家畜突然运动，最易发病。继发性见于胃肠炎、中毒和某些传染病。慢性的见于慢性肺泡气肿等。

【症　状】 急性心力衰竭轻症者，初期心音高朗，心搏动增强，以后心音低沉无力，脉搏增数，易疲劳出汗。严重者心音增强，心跳加快，每分钟达 100 次以上，甚至只能听到 1 个心音，脉搏细弱无力，黏膜呈蓝紫色。静脉怒张，全身大汗。呼吸高度困难，最后心脏麻痹致死。慢性心力衰竭者还多见胸腹和四肢下部水肿。

【治　疗】 安静休息。高度呼吸困难、静脉怒张时，可静脉放血 1 000～1 500 毫升。严重时要中西医结合治疗。可选用下列处方：

方 1　鲜万年青根 30 克，大枣 10 个，共煎汁 250 毫升。成年羊 1 次灌服。治心力衰竭悸喘。

方 2　生地黄 50 克，熟附子 35 克，甘草 45 克，共煎汁 1.5 升，候温。大畜每日 1 次灌服，10 日为 1 个疗程，羊、猪用此量的 1/5。治慢性心力衰弱。

方 3　核桃肉 20 克，黑芝麻 15 克，桑叶 20 克，龙眼肉 25 克，共同捣碎，沸水冲调，候温。成年羊 1 次灌服。治心悸气短。

方 4　合欢皮 15 克，何首乌藤 20 克，加水煎汁 250 毫升，候温。成年羊 1 次灌服，大畜用此量的 5～7 倍。治心悸不安。

方 5　葶苈子 45 克，玉竹（别名铃铛菜、山姜、黄蔓菁）65 克，山楂 100 克，共煎汁 1 升。大畜 1 次灌服。治悸喘。

方6 红花夹竹桃叶(晒干研末)0.25克,沸水适量调药,候温。大畜灌服,每日2次,连服3天。治心跳快弱。

方7 铃兰(别名铃铛花、草玉铃)35克,淫羊藿85克,柏子仁50克,白茅根150克,共煎汁1.5升。大畜1次灌服,羊用此量的1/5。治心悸水肿发喘。

方8 党参100克,五味子55克,麦冬120克,共煎汁2升,候温。大畜1次灌服。治心悸乏困,烦躁不安。

方9 玉竹20克,车前草35克,共煎汁200毫升。成年羊1次灌服,每日1～2剂,大畜用5倍量。治心悸水肿。

方10 老茶树根70克,煎汁200毫升,加糯酒半碗。成年羊1次灌服,大畜用4～5倍量,7日为1个疗程。治心悸水肿。

方11 通天草(别名地栗梗、荸荠苗)、鲜芦根各35克,煎汁适量。成年羊1次灌服,大畜用5倍量。治心悸水肿,水泛全身。

方12 金针菜(别名黄花菜)鲜叶35克,煎汁适量,加黄酒50毫升。成年羊1次灌服。治心悸全身水肿。

方13 砂仁5克,蝼蛄5克,焙干研末,加白酒50毫升,用温水200毫升调匀。成年羊1次灌服。治心悸肿胀。

方14 茵陈100克,茶叶35克,胡萝卜250克,陈皮50克,共捣碎烂,沸水冲调,候温。大畜1次灌服,羊、猪用此量的1/5。治心跳慢而弱、心律失常、水肿。

方15 干蟾蜍皮1个,川芎35克,共研细末,用甘草150克煎汁1.5升调入药末,候温。大畜1次灌服。治心脏衰弱。

方16 茵陈、葫芦壳各150克,冬瓜皮、西瓜皮各100克,共煎汁1.5升,候温。大畜1次灌服。治心悸水肿、发热。

方17 樟脑粉10克,白酒125毫升,沸水冲调,候温。大牛1次灌服。治心悸乏力。

方18 熟附子(别名附片、白附片、黑附片,生用有毒)、干姜、甘草各13克,共研细末,沸水冲调,候温。成年羊1次灌服,大畜用此量的 3～4 倍。治心悸乏困无神，脉微肢冷，呕吐流涎。

二、心内膜炎

【病　因】　心内膜炎是由于心内膜炎而致瓣膜穿孔、肥厚或腱索断裂等器质性变化，或由于心肌赘生物、风湿症而引起。

【症　状】　病畜通常表现不适，食欲减退，精神沉郁，体温升高，脉搏增数，黏膜发绀，心悸亢进，心律失常，呼吸困难，病的后期，胸、腹下或四肢水肿。听诊心音初增强，心跳加快，以后快而弱，第二心音不易听见。心内杂音时隐时现、时强时弱，为最特异的症状。

【治　疗】　严重时应中西医结合治疗。可选用下列处方：

方 1　参考试用心力衰竭第 16 方。

方 2　玉竹 85 克，三颗针黄皮（焙干）100 克，蒲公英 120 克，南瓜蒂（焙干）150 克，共研细末，沸水冲调。大畜 1 次灌服，羊用此量的 1/5。治心悸发热水肿。

方 3　桃仁 45 克，生龙骨 100 克，生蒲黄 85 克，共研细末，茄子 500 克，捣烂，并加沸水 1.5 升冲调，候温。大畜 1 次灌服，羊用此量的 1/5。治心悸痛水肿。

方 4　鲜南瓜藤 200 克，鲜龙葵（别名假辣椒、七粒扣）80 克，鲜三棵针皮 60 克，共煎汁 1.5 升。大畜 1 次灌服，羊、猪用此量的 1/5。治心悸发热水肿。

三、心 肌 炎

【病　因】　急性心肌炎常见于各种传染性疾病及中毒经过中，如腺疫、焦虫病以及砷、磷中毒等。慢性心肌炎常由急性心肌炎转来，或继发于慢性化脓性疾病经过中。

【症　状】　急性心肌炎很少单独发生，因其症状不易被发现，常被传染病和中毒的症候所掩蔽。其主要表现为体温升高，心搏动因原发病而发生变化,如稍加运动,呼吸及心跳显著加快,在停止运动后不易复原。病畜在几天后表现精神沉郁,虚弱气喘。心律失常,第一心音减弱或混浊不清,常有分裂、重复或有期外收缩。脉象细弱不整。病至后期,行走摇摆,黏膜发绀,静脉充血,四肢厥冷,四肢及胸、腹下水肿。心音重复明显,心叩诊区扩大,往往能听到缩期杂音。脉搏细弱无力,往往少于心跳数或不整,体表静脉搏动明显。

【治 疗】 可选用下列处方:

方1 延胡索15克,山楂20克,丹参25克,共研细末,加黄酒50毫升,沸水冲调。成年羊1次灌服,大畜可用此量的3~4倍。治悸喘胸疼。

方2 毛冬青根40~50克,水煎汁2次混合共300~800毫升。成年羊每日分为2次,喂食后灌服。治心肌炎轻症初期。

方3 五灵脂、蒲黄各15克,蒲公英80克,共捣碎,加黄酒30毫升,沸水冲调。成年羊1次灌服。治心悸胸疼烦热。

方4 延胡索20克,川楝子18克,共研细末,沸水冲调。成年羊1次灌服,每日1~2次,大畜用此量的4倍。治悸喘胸痛。

方5 瓜蒌45克,薤白(为百合科多年生草本植物薤或小根蒜的地下白色球状鳞茎)15克,半夏10克,共煎汁200毫升。成年羊1次灌服,大畜用此量的5倍。治悸喘吐沫。

方6 郁金15克,香附12克,甘草10克,共研细末,沸水调匀。成年羊1次灌服,治心悸胸疼不安。

方7 红高粱根60克,萹蓄35克,苦参(别名苦骨、地槐、水槐)12克,共研细末,沸水冲调。成年羊1次灌服。治心悸气喘水肿。

方8 赤小豆80克,冬瓜400克,甘草60克,共煎汁250毫升。成年羊1次灌服,大畜用此量的5倍。治心悸水肿。

方9 鲜茵陈蒿100克,鲜苦参根50克,绿豆200克,豆腐

250克,共捣烂碎,沸水冲调。大畜1次灌服,每日1~2剂,羊用此量的1/5。治心悸发喘水肿烦热。

方10　玉竹20克,鲜车前草40克,鲜苦豆子根5克,共捣碎烂,沸水适量冲调。成年羊1次灌服。治心悸水肿烦热。

方11　防己15克,花椒8克,葶苈子18克,大黄10克共研末,沸水冲调。成年羊1次灌服。治心悸胸痛水肿跌扑。

方12　红茶末70克,车前子(捣碎)35克,生黄芪120克。煎汁。大畜1次灌服。治急慢性心肌炎。

第四章 泌尿系统疾病土偏方

一、血 尿

【病　因】　血尿是肾脏、膀胱、尿道疾病以及血液病、传染病等患病过程中的一种症状,而非独立的疾病。主要见于肾炎、肾损伤等。

【症　状】　大凡排尿之初无血,以后有血,血尿相混,呈酱色,多是膀胱出血;开始排尿即有血,多是尿道出血;自始至终血尿相混,色如酱油,多是肾脏出血;如尿血并发热,腰部有触痛,精神痛苦沉郁者病重;反之病轻。

【治　疗】　尿血轻者可着重治原发病,尿血严重的可选用下列处方对症治疗。

方1　鲜车前草适量,捣碎拧汁50～60毫升,成年羊、猪1次灌服,大畜用此量的5～6倍。治尿血涩痛。

方2　生蒲黄35克,黑蒲黄30克,石韦50克,共研细末,沸水1.5升冲调,候温。大畜1次灌服,羊、猪用此量的1/5。治尿血作痛。

方3　淡豆豉45克,生芦根150克,共煎汁200毫升,加冰糖20克,溶化候温。羊、猪1次灌服,大畜用此量的3～5倍,骆驼用7～8倍。治尿血涩疼,口鼻干燥气热。

方4　鲜浮萍(别名水萍、水鲜、田萍)30克,地骨皮35克,共煎汁250毫升,加黄酒30毫升,候温。成年羊、猪1次灌服,大畜用此量的3～4倍。治尿血涩疼,轻度发热。

方5　马蔺子(别名马莲子)10克,白茅根30克,共研末,沸水冲调。成年羊1次灌服,大畜用5倍量。治尿血涩疼淋漓。

方6　白马蔺花15克,侧柏叶50克,共煎汁100毫升。成年羊、猪 1 次灌服,大畜用 5 倍量。治尿血、排尿疼痛不畅或带喘咳。

方 7 藕节 100 克,白鸡冠花炭 30 克,共捣碎烂,热白米汤调匀,候温。成年羊、猪 1 次灌服,大畜用此量的 4～5 倍,骆驼用此量的 8～10 倍。治尿血、腹痛、发热。

方 8 鸡冠花 15 克,干柿饼(煅存性)100 克,共捣碎烂,白米汤调匀,候温。成年羊、猪 1 次灌服,大畜用此量的 5 倍,骆驼用 7～8 倍。治尿血、涩疼、喘咳。

方 9 鲜小茴香根 70 克,葡萄根 60 克,共煎汁 200 毫升,加白糖 50 克,调溶。大猪、羊 1 次灌服。治血尿、腹痛、发热,排尿不畅。

方 10 墨旱莲叶 50 克,车前草叶 80 克,共捣碎烂,加白糖 50 克,沸水冲调。成年羊、猪 1 次灌服。治尿血涩痛,烦躁不安。

方 11 槐枝 100 克,沙蒿 80 克,煎汁适量,候温。成年羊、猪 1 次灌服。治尿涩痛带血。

方 12 白菊花 40 克,莲房(煅存性,研末)30 克,共捣烂,沸水适量冲调。成年羊、猪 1 次灌服,大畜用 5 倍量。治尿血,目赤头垂。

方 13 鲜椿树根 100 克,鲜柳树根 150 克,共煎汁 250 毫升。成年羊、猪 1 次灌服,大畜用此量的 5 倍。

方 14 牛角髓(黄牛角中的骨质角髓)20 克,甘草 25 克,共煎汁 250 毫升。成年羊 1 次灌服,大畜用此量的 5～6 倍。治尿血疼痛或腹泻。

方 15 萹蓄 130 克,茅草根(白茅根)70 克,共煎汁 250 毫升。成年羊、猪 1 次灌服,大畜用此量的 5 倍。治尿血水肿。

方 16 茅草穗(炒炭存性,研末)20 克,鲜萹蓄拧汁半碗调药。成年羊、猪 1 次灌服,大畜用此量的 4～5 倍。治尿血腹痛。

方 17 小蓟 45 克或大、小蓟各 22 克,煎汁 250 毫升。成年羊、猪 1 次灌服,大畜用此量的 3～5 倍。也可用鲜大、小蓟根拧汁半碗灌服,效果更好。治各种尿血。

方 18 青蒿(别名黄花蒿、臭蒿、香蒿、香丝草)50～100 克,捣烂,白米汤调。羊、猪 1 次灌服。治尿血,发热口干。

方 19 鲜瓦松 150 克(干的 70 克)捣碎,加高粱面 150 克,沸水适量冲调。成年羊、猪 1 次灌服,大畜服此量的 3～5 倍。或瓦松煎汁服亦可。治尿血腰疼。

方 20 鲜芹菜 500 克,切碎捣烂,沸水冲调。成年羊、猪 1 次灌服,大畜用此量的 3～4 倍,骆驼用 5～6 倍。治尿血粪干。

方 21 螳螂(去翅足焙黄研末)10 克,沸水冲调。成年羊、猪 1 次灌服。治尿血腹痛。

方 22 荷叶蒂或干荷叶 30 克,百草霜 15 克,共研细末,热米汤冲调,候温。成年羊、猪 1 次灌服,大畜用此量的 4～5 倍。

方 23 鲜马齿苋 400 克,车前草 250 克,煎汁适量。马、牛 1 次灌服,小畜酌减,骆驼加倍。治尿血便血和鼻出血。

方 24 韭菜子 50 克,地肤子 100 克,共研细末,沸水适量冲调,候温。大牛 1 次灌服,小畜酌减。治尿血腰疼。

方 25 猪胆汁 25 毫升,竹叶 15 克,灯心草 5 克,共煎汁适量。成年羊、猪 1 次灌服,大畜用 5 倍量。治血尿涩疼发热。

方 26 鸡蛋壳(焙干存性)15 克,瞿麦(别名竹节草,为石竹的带花全草)25 克,共研细末,米汤调药,候温。成年羊、猪 1 次灌服,大畜用此量的 5 倍。治尿血腹痛腿软。

方 27 金樱子(别名刺梨子,糖罐子)15～20 克,莲子肉 35 克,共研细末,沸水适量冲调。成年羊、猪 1 次灌服,马、牛用此量的 5～6 倍。治尿血腰痛腿软。

方 28 垂柳花(别名柳花、柳椹)20 克(干的 5～10 克)研末,沸水适量冲调。成年羊 1 次灌服。治血尿疼痛。

方 29 垂柳根(别名柳根、红龙须)40 克,血余炭 10 克,共煎汁 300 毫升,候温。成年羊、猪 1 次灌服。治尿血、痛涩。

方30　鲜槐叶500克捣烂,加食醋500毫升,鸡蛋5个(用蛋清),调匀。大畜1次灌服。治尿血便血,烦热目昏。

方31　水芹菜(别名水芹、野芹菜)250克,车前草和小蓟各10多棵,加水煮熬后,让病畜饮用,每日数次。

方32　刘寄奴(别名金寄双、六月雪)100～200克,加水煮熬后,病畜饮用,每日数次。

方33　当归180克,红花120克,研末,沸水冲调。成牛1次灌服。

方34　麦角20～30克,阿片末(别名鸦片、阿芙蓉)2～4克,混水。大畜1次灌服。治子宫出血。

方35　白茅根120～150克,焦栀子80克,煎汁。大畜1次内服。

方36　玉米须50克,加水煎20分钟,取出药液,加入红糖200克,候温。大畜1次灌服。

方37　竹叶93克,绿豆125克,煎汤,去渣,候温,加入白糖360克。大畜1次灌服。

方38　红花120～180克,用酒精烧成炭,天冬60克煎汤,二药混合,加入黄酒250毫升,每日分2次灌服,连服3天。治大畜血尿。

方39　玉米芯外层毛片或扬玉米粒时飞出的毛片30克。炒黄研末,大畜沸水调服。每日2剂,小畜每剂10克。

方40　鲜马鞭草1千克,加水6升,煎缩成3升,冲白糖100克。成牛每日1次灌服,连服至愈。

方41　牛膝120克,甘草30克,水煎汁。成牛1次灌服。

方42　鲜墨旱莲0.5～1千克(干品100～200克)煎汁去渣。成牛1次灌服。

方43　生栀子250克,生车前草1千克。洗净泥沙杂质,切碎加水共煎服。治牛尿血。

方 44　地龙(蚯蚓)150 条,用清水漂洗几次后,放入白糖 100 克中使其溶化,鲜小蓟或大蓟 150 克,搗烂,布包挤汁,二液混合内服。治牛尿血。

方 45　生地黄 30～50 克,木通 20～40 克,淡竹叶 50～100 克,甘草 5～10 克,水煎汁候温,1 次灌服。治牛、猪血尿。

方 46　猫胎盘 1 个,研末灌服,每日 1 个,连服 3 个。治种畜肾亏尿血。

方 47　侧柏叶(微炒)、车前子各 31 克,血余炭 6 克,白茅根 9 克。上药混合,加水适量,煎汤去渣,候温加米醋 100 毫升。大畜 1 次灌服。

二、膀 胱 炎

【病　因】　膀胱炎一般认为是微生物从血液、肾或尿道中进入膀胱而发病。或由阴道、尿道等邻接器官炎症蔓延而引起。

【症　状】　病畜排尿时疼痛不安,排尿频数,每次尿量不多,往往呈点滴状。公畜阴茎常勃起,母畜阴门频频开张。直肠检查触压膀胱,病畜表现疼痛,膀胱空虚。尿液浑浊,有黏液、血凝块或坏死组织碎片,且有氨臭味。病情严重者精神沉郁,食欲减退或废绝,体温升高等。急性者病状重,血尿常明显;慢性者病状轻,一般无血尿。

【治　疗】　可选用下列处方:

方 1　知母、黄柏、栀子各 35 克,滑石 55 克,泽泻、茯苓各 25 克,共研末,沸水冲调,候温。大畜 1 次灌服。治尿淋漓,疼痛发热。

方 2　醋炒柴胡、车前草、五味子各 30 克,黄芩 20 克,共研细末。每日分早、晚 2 次,沸水调药,给成年羊、猪灌服,大畜用此量的 3～4 倍。治尿频而疼,量少滴沥。

方 3　生黄芪、白茅根各 30 克,西瓜皮 70 克,肉苁蓉 15 克,共煎汁 250 毫升。成年羊 1 次灌服。大畜用此量的 3～5 倍。治频尿而疼痛、尿量少。

方 4　生地黄 70 克,黄柏、知母各 45 克,墨旱莲 60 克,蒲公英 100 克,共煎汁 1 升,候温。大畜 1 次灌服,羊、猪用此量的 1/5。治尿频而痛,发热滴沥。

方 5　金钱草(别名活血丹、连钱草、遍地香)35 克,车前子 40克,垂柳树根 80 克,共煎汁 450 毫升,成年羊每日 2 次灌服。治膀胱炎发热尿少而频。

方 6　鸭跖草(别名兰花草、竹叶草、竹节菜)60 克,萹蓄(别名通生草、粉节草、萹竹)20 克,煎汁 250 毫升。成年羊、猪 1 次灌服。大畜用此量的 3～5 倍。治尿涩痛滴沥。

方 7　鲜萹蓄 150 克,煎汁 1 升,候温。大畜 1 次灌服,每日1～2 次。治热淋涩痛。

方 8　桃仁 20 克,滑石 25 克,共研细末,适量沸水冲调。成年羊 1 次灌服。治尿涩。

方 9　茵陈 35 克,蒲公英 50 克,共捣碎烂,沸水适量冲调。成年羊 1 次灌服。治尿涩而疼,发热腹胀。

方 10　金银花 45 克,丝瓜络 170 克,共研细末,沸水冲调,加蜂蜜 50 克。大畜 1 次灌服。治尿频而少,发热腹痛不安。

方 11　蝼蛄 5 个,鲜荷叶 100 克,共捣碎烂,沸水冲调。成年羊 1 次灌服。治尿频量少,眼口水肿。

方 12　木贼草(别名锉草、笔管草)35 克,大黄末 5 克,共煎汁200 毫升,候温,加鸡蛋 2 个(用蛋清)。成年羊 1 次灌服。治尿滴沥难排,水肿。

方 13　鲜荷叶 80 克,鲜侧柏叶 50 克,鲜柳叶 90 克,共煎汁250 毫升,候温。成年羊、猪 1 次灌服,大畜用此量的 4～5 倍。治尿涩胀疼发热。

方 14　鲜马齿苋、豆腐各 500 克,共捣碎烂,淘米泔水 1 升,调匀。大畜 1 次灌服。治尿涩痛发热，尿液浑浊，或带脓血。

方 15　荠菜(别名地米菜、护生菜)50 克，柳叶 40 克，车前草 60 克，共捣碎烂，米汤适量调匀。成年羊 1 次灌服。治尿涩疼难排，目昏肿。

方 16　椿荚(别名臭椿树子、凤眼草)10 克，焙干研末，用糯稻根 100 克煎汁适量，冲调，候温。成年羊、猪 1 次灌服。治尿涩痛带血。

方 17　益母草 35 克，牵牛子 15 克，共研细末，沸水冲调，候温。成年羊、猪 1 次灌服，大畜用 3 倍量。治慢性膀胱炎尿涩难下，水肿腹痛。

方 18　向日葵秆芯 20 克，垂柳叶或嫩枝条 65 克，车前草、萹蓄各 60 克，共煎汁 250 毫升。成年羊、猪 1 次灌服，大畜用 3～4 倍量。治尿涩浊、滴沥不畅。

方 19　蓖麻仁 500 克，绿豆 250 克，水煎 2 次，得混合汁 1.5 升。马、牛 1 次灌服，羊、猪用此量的 1/8～1/5。治尿涩疼，水肿。

方 20　水芹(别名楚葵、水英、野芹菜)20 克，梓实(别名臭梧桐果实)20 克，车前子 30 克，共研细末，沸水适量冲调。成年羊 1 次灌服，大畜用 3～4 倍量。治尿路感染。尿涩疼水肿。

方 21　黄连 3 克研末，从破孔纳入倒出蛋清的鸡蛋，封壳后蒸熟。小猪 1 次服完，成年猪服 2～3 倍量。治尿频量少不畅。

方 22　旧草帽(麦草编)150～200 克，车前草 120 克，芨芨草 30 克，沙柳[别名降马(藏名)]根 30 克，大米 250 克。上药加水煎汁，去渣内服。治牛、马尿淋。

方 23　鲜金钱草 250 克，煎汤去渣，成牛 1 次灌服。治牛尿淋。

三、肾　炎

【病　因】　肾炎是指肾小体、肾小管或肾间质发炎的统称。

急性肾炎多继发于一些急性传染病和胃肠疾病,如出血性败血症及重剧胃肠炎等。砷、汞等毒物刺激可引起肾炎。过劳、感冒是促使肾炎发生的因素,慢性肾炎多因急性肾炎治疗不及时转来。

【症　状】　病畜精神沉郁,食欲减退,体温升高,结膜苍白,第二心音增强,脉硬而疾速。站立时拱背,后肢开张或伸于腹下,不愿运步或后肢拖曳。尿量减少或无尿。从体壁或通过直肠检查触诊肾脏时,病畜疼痛不安。尿液呈黄红色或红色(血尿),浑浊,有黏液及沉渣。

【治　疗】　消除炎症,强心利尿为主要原则。可酌情选用下列处方:

方 1　梓实 20～25 克(鲜的 30～40 克),煎汁。成年羊 1 次灌服,大畜用此量的 4～5 倍。治慢性肾炎水肿。

方 2　梓实 16 克,垂柳叶 20 克,木通 10 克,黄芪 15 克,共煎汁适量。成年羊、猪 1 次灌服,大畜用此量的 3～5 倍。治肾炎发热,尿涩水肿。

方 3　干玉米须 40～65 克,煎汁 2 次得混合汁 500 毫升。成年羊,猪每日 1 剂,2 次分服,大畜用此量的 3～5 倍。治慢性肾炎尿涩水肿。

方 4　土大黄(别名驴耳朵、牛舌头、羊蹄)15～20 克(鲜的 30～35 克),车前草 30 克(鲜的 60 克),蒲公英 15～20 克(鲜的 40 克),臭椿子 40 克,共煎汁适量。成年羊 1 次灌服,大畜用 5 倍量。治急慢性肾炎水肿腰疼,尿涩带血或粪中带血。

方 5　麻黄 6 克,杏仁 15 克,紫背浮萍 8 克,研末,沸水适量冲调。成年羊 1 次灌服,大畜用此量的 3～4 倍。治肾炎发热尿血。

方 6　紫苏 10 克,冬瓜皮 100 克,煎汁适量。成年羊 1 次灌服,大畜用此量的 5 倍。治急性肾炎初期尿涩水肿。

方 7　桑叶、杏仁各 15 克,菊花 20 克,板蓝根 35 克,共研细末,沸水适量冲调。成年羊、猪1次灌服。治急性肾炎初期尿涩轻度水肿,喘咳发热。

方8 棉花根60克,仙鹤草20克,玉米须80克,加水煎汁。成年羊1次灌服。治慢性肾炎尿涩带血,水肿发喘。

方9 牵牛子15克,带籽干葫芦(烧存性)150克,共研末,沸水适量冲调。成年羊、猪1次灌服。治尿涩水肿,大便不畅。

方10 青蛙2个,黑豆(乌豆)50克,同捣碎烂煮熟。成年羊每日1次,连汤灌服。治慢性肾炎尿蛋白严重。

方11 石韦20克,薏苡仁5克,共研细末,沸水适量冲调。成年羊、猪每日1次灌服,大畜用此量的3~5倍。治慢性肾炎尿蛋白多,水肿。

方12 蝼蛄3~4个(焙干研粉),玉米须40克,白茅根35克,煎汁冲调。成年羊1次灌服,每日1~2次,大畜用3倍量。治肾炎水肿严重,呆立懒动,行步不稳。

方13 芋头(别名蹲鸱、芋魁、芋根、土芝、芋奶、芋艿)(切片煅存性,研末)35克,红糖30克,用干葫芦150克煎汁适量冲调。成年羊、猪1次灌服,每日1~2次,大畜用此量的3~5倍。治肾炎水肿发喘,尿涩带血。

方14 益母草25克,白茅根35克,夏枯草15克,共煎汁适量。成年羊、猪1次灌服,大畜用此量的3~4倍。治急性肾炎水肿、尿涩带血。

方15 金钱草(别名海蚌含珠、含珠草、血见愁)30克,车前草35克,石韦20克,共煎汁适量。成年羊、猪1次灌服。治急性肾炎水肿尿涩,发喘腹痛。

方16 铁苋菜90克,金银花、竹叶各20克,共煎汁适量。成年羊、猪1次灌服,大畜用此量的3~4倍。治急性肾炎水肿,尿涩带血发热。

方17 冬瓜皮、车前草各50克,小蓟20克,共煎汁适量。成年羊、猪1次灌服,大畜用此量的3～4倍。治急性肾炎水肿、尿涩带血。

方18　蚕豆花25克,葫芦壳100克,葵花梗芯(焙干)20克,共研末,沸水适量冲调。成年羊、猪1次灌服。治急性肾炎水肿。

方19　西瓜皮50克,荠菜20克,研末,沸水适量冲调。成年羊1次灌服,大畜用5倍量。治慢性肾炎水肿。

方20　洋姜(别名菊芋)、芹菜各100克,葱20克,共捣碎烂,沸水冲调。成年羊、猪1次灌服,大畜用5倍量。治肾炎水肿尿涩。

方21　茶叶10克,黄花菜30克,豆腐100克,共煮烂熟。成年羊、猪连汤1次灌服,大畜用4倍量,骆驼用8倍量。治肾炎尿涩水肿。

方22　赤小豆30克,茄子150克,花椒5克,共捣碎烂,沸水适量冲调。成年羊、猪1次灌服,大畜用此量的4～5倍。治肾炎水肿尿涩。

方23　大麦秸200克,加水煎浓汁250毫升,调入大蒜泥10克,侧柏叶末30克。成年羊、猪1次灌服,大畜用此量的3～5倍。治慢性肾炎水肿尿涩带血。

方24　海带(研末)20克,梓根白皮或梓实10克,玉米须20克,煎汁适量冲调。成年羊、猪1次灌服,大畜用此量的5倍。治肾炎水肿,尿有蛋白。

方25　蒲公英65克,忍冬藤(别名金银花藤)60克,车前草70克,煎汤适量。成年猪1次灌服,连服10～15天。治尿涩量少,浑浊带血,发热腰痛,水肿。

方26　枸杞子250克,小米500克,煮熟。大畜1次连汤渣灌服。治慢性肾炎尿淋沥、后肢水肿。

方27　玉米须、冬瓜皮各120克,车前子60克,泽泻30克,加水煎汁。大畜1次灌服。

方28　鲜车前草、鲜白茅根各 250 克,鲜海金沙(别名铁丝藤、麻雀藤、竹园荽)120 克,加水煎汁。大畜 1 次灌服。无鲜货时,可用干货代替。

方29　白茅根 500 克,玉米须、向日葵梗芯各 150 克,大畜煎汁饮用。每日数次。

方30　地骨皮 200 克,车前子、竹叶各 150 克,水 2.5 升。用文火煎至 1/3 时,去渣,大畜 1 次灌服。

方31　白茅根、鱼腥草各 350 克,防己 100 克。加水煎汁去渣。成牛 1 次灌服。治慢性肾炎。

四、尿闭(胞转、尿结)

【病　因】　尿闭主要是由于膀胱痉挛,结石或麻痹,荐部或后腰部的脊髓疾患、脑部疾病而引起。

【症　状】　病畜不见排尿或排尿呈点状、线状外溢。有的患畜不断做排尿姿势,但不见尿液排出。膀胱结石较大时可引起排尿障碍。常见后肢踢腹,呈现疝痛症状。

【治　疗】　对膀胱麻痹,一般轻症,可施行插管导尿或膀胱按摩,每日 1～3 次,2～3 日可自愈。排除病因要用中西医药和手术结合治疗。中草药治疗可酌情选用下列处方:

方1　地肤子 250 克,萹蓄 150 克,煎汁适量。给牛每日服完。治膀胱痉挛、麻痹尿闭或尿道炎症尿闭。

方2　荠菜 100 克,金钱草 35 克,鸡内金或鸭内金 20 克,共煎汁适量。成年羊、猪每日 1 次灌服,大畜用此量的 4～5 倍。治结石性尿闭。

方3　椒目(即花椒的种子)15 克,赤小豆 100 克,绿豆 150 克,共煎汁适量。成年羊、猪 1 次灌服,大畜用此量的 4～5 倍。治膀胱痉挛尿闭。

方4　芒硝 25 克,鸡内金 20 克,萝卜 150 克,共煎汁适量。

成年猪、羊1次灌服,大畜用此量的4~5倍。治尿路结石或炎症所致排尿不畅或不通。

方5 地肤子苗120克,白菊花根65克,煎汁适量。成年羊、猪1次灌服,大畜用此量的3~5倍。治尿路肿胀尿闭。

方6 铁线草(别名铁线蕨、乌脚枪、铁鲁基)35克,蒲公英70克,鲜益母草40克,煎汁适量。成年羊、猪1次灌服。治尿路炎肿尿闭和膀胱麻痹尿闭。

方7 柳树叶40克,马齿苋70克,丝瓜络75克,共煎汁适量。成年羊、猪1次灌服,大畜用此量的3~5倍。治尿路炎症及膀胱痉挛尿闭。

方8 水蛭(别名蚂蟥、马蜞、肉钻子)10个,焙干研末,用甘草30克煎汁。成年羊、猪1次灌服。治尿路血瘀肿胀尿闭。

方9 炒莱菔子70克,车前子80克,大葱120克,炒盐30克,共研末,沸水适量冲调。大畜1次灌服。治膀胱气闭尿结。

方10 牛角尖(烧存性研末)10克,糠谷老(别名老谷穗、铳谷老、铳谷)20克,煎汁适量。成年羊、猪1次灌服,大畜用5~6倍量。治尿路炎肿瘀血尿结。

方11 高粱叶鞘25克,菠菜子40克,共煎汁适量。成年羊、猪1次灌服。治膀胱湿热尿结、膀胱痉挛尿结。

方12 芥菜子15克,冬葵子120克,共煎汁适量。成年羊、猪1次灌服,小羊、猪减半。治膀胱麻痹或尿路肿胀尿结。

方13 红薯秧50克,高粱根60克,煎汁适量。成年猪1次灌服,小猪酌减。治尿结水肿。

方14 紫苏子65克,花椒20克,茅根40克,煎汁适量。成年羊、猪1次灌服,大畜用5倍量。治膀胱气闭尿结发喘。

方15 大麦秸250克,青葱50克,煎汁适量。大畜1次灌服,每日1~2剂。治下焦湿热尿闭。

方16 蝼蛄(焙干研末)15克,蟋蟀(焙干研末)12克,甘草梢

150 克,煎汁。成年马每日分 2 次灌服。治膀胱痉挛尿闭。

方 17　臭椿子 150 克,石韦 45 克,鸡内金 50 克,共煎汁。大畜 1 次灌服,每日 1～2 剂。治膀胱痉挛及炎肿尿闭。

方 18　大麦秸 250 克,通草 30 克,海金沙 35 克,鸡内金 35 克,煎汁。大畜 1 次灌服,每日 1～2 剂。治砂石淋。

方 19　向日葵根 120 克,甘草梢 50 克,食盐 20 克,煎汁。大牛 1 次灌服,每日 1～2 剂。治膀胱痉挛及炎肿尿闭。

方 20　露蜂房(焙干存性,研末)50 克,蚯蚓(干品,研末)45 克,灯心草(焙存性,研末)4 克,沸水冲调,候温。大牛 1 次灌服,每日 1～2 剂,小畜酌减。治炎肿阻碍尿路、膀胱痉挛。

方 21　生黄芪 150 克,鲤鱼 500 克,赤小豆 250 克,共煎汤 2 次混合约 3 升。大畜每日分 2 次灌服。治膀胱肌麻痹尿闭。

方 22　杨树根须 200 克,茶叶 50 克,石韦 60 克,煎汁适量。大畜 1 次灌服。治膀胱肌麻痹尿闭。

方 23　陈棉籽(姜汁炒)、茵陈各 150 克,甘草 200 克,煎 2 次得混合汁约 2 升。大畜每日分 2 次灌服。治膀胱虚寒排尿困难。

方 24　猪膀胱 1 个,装入黑豆 200 克、车前子 100 克、灯心草 5 克、西瓜汁 300 毫升,扎口放大沙锅中,加水 2 升,鲜粽子叶 100 克,将膀胱内的豆子煮烂熟,取猪膀胱和黑豆捣烂。大畜分 2 日服完。治虚寒及血瘀阻碍排尿。

方 25　地肤草 1 千克,煎浓汁适量。大畜每日 1～2 次服完,小畜酌减。治炎肿阻碍排尿。

方 26　蓖麻仁 60 克,天花粉 20 克,煎汁适量。羊 1 次灌服。治虚火尿结。

方 27　鲜丝瓜藤 100 克,捣烂拧汁,加蜂蜜 60 克。成年猪、羊 1 次灌服。治尿路结石。

方 28　玉米须 50 克,柳叶 55 克,赤小豆 60 克,滑石 25 克,煎汁适量。成年羊、猪 1 次灌服。治膀胱结石,尿少疼痛带血。

方 29　芹菜籽 125 克,研末,煎汁适量。大母畜 1 次灌服。治尿涩热疼不利或带血。

方 30　生茶叶 50 克研末,适量沸水冲,加入 1～3 个鲜猪胆汁调匀,候温灌服。治马、骡热性尿闭。

方 31　木通 250 克,泽泻、猪苓各 100 克。共研细,加温开水 2 升。大畜每日 1 次灌服,连用 2 剂。

方 32　紫皮大蒜泥(按 100 千克体重用 3～4 瓣),以纱布包扎,放阴道后端 5～7 厘米处,10～15 分钟取出。若不见效,隔 1 小时再放 15 分钟,一般 1～2 次可排出尿液。适用于各种动物尿闭。

方 33　辣椒 1 个,放入母畜阴道口部或涂抹公畜阴茎头部。治大畜尿闭。

方 34　食盐炒至黄色,研细粉。取其少许放入病畜尿道口,即举尾排尿。若发现尿频不利有痛感者,再用车前草一把煎汁内服。

方 35　车前子 150 克,大葱 3 根,煎汁。大畜 1 次灌服。

方 36　地龙 7 条,用白糖 10 克化开,加温开水 500 毫升,取上清液内服。治猪尿闭。

方 37　鲜金钱草 100～200 克,水煎 30 分钟,取液候温灌服。治母畜尿闭。

第五章 神经系统疾病土偏方

一、脑膜脑炎（脑黄）

【病　因】 脑膜脑炎是非传染性的脑膜和脑同时发生的炎症。过劳、长途运输、感冒等，使机体抵抗力降低时，体内常在的细菌，随血流或淋巴侵入脑膜及脑实质而发病；邻近器官炎症的蔓延，如头部创伤、副鼻窦炎等；霉败饲料中毒，重剧胃肠炎的毒素吸收，均可能引起中毒性脑及脑膜炎。

【症　状】 病畜初期精神沉郁，反应迟钝，食欲减退。病程发展迅速，很快出现兴奋不安，不顾障碍，前冲猛撞，或做圆圈运动，或以头顶墙。行走时后躯打晃易跌倒。兴奋与沉郁交替发生。多数病畜体温变化不大，脉搏先快后慢，呼吸快而浅，发生便秘和尿闭。常出现局部脑症状，表现瞳孔左右大小不等，视力减退或消失，牙关紧闭，咽部麻痹，引舌出口不能收回，口唇歪斜或口唇弛缓下垂。常留有后遗症。

【治　疗】 先用冷水敷或淋头部，然后按中西医结合方法治疗。中草药可选用下列处方：

方1 紫草（别名硬紫草、紫根、东紫草）15克，生石膏55克，大青叶10克，共煎汁2次混合，加入捣烂的大蒜20克，分2次给猪、羊灌服，早、晚各服1次，牛、马用此量的5～7倍，连服数天。治脑黄颈项强直，发热口渴尿赤。

方2 金银花20克，菊花15克，竹茹（别名竹皮、淡竹皮茹、麻巴、竹二青）10克，连翘15克，煎汁2次混合。羊每日早、晚各服1剂，连服数天。治脑黄发热、烦躁流涎。

方3 龙胆草20克，鲜松针50克，板蓝根25克，甘草15克，煎汁适量。羊、猪每日分2次服，5日为1个疗程。

方4　七叶一枝花(别名草河车、蚤休、多叶重楼、俗称九道箍、铁灯盏,以根茎入药)40 克,金银花 20 克,青木香 15 克,紫花地丁 60 克,煎汁适量。成年猪每日分 2 次服,连服 5 天。

方5　大蒜捣烂取汁滴鼻,每日 2～3 次。预防用。

方6　贯众 40 克,野菊花 15 克,煎汁。成年猪 1 次灌服,大畜用此量的 5～7 倍。猪预防用。

方7　大青叶 20 克,板蓝根 25 克,金银花 30 克,煎汁。成年羊 1 次灌服,马、牛用 6～8 倍量。预防羊脑黄。

方8　萝卜 250 克,夏枯草 25 克,紫苏 15 克,紫背浮萍 10 克,甘草 20 克,青黛 5 克,共煎汁适量。猪、羊每日分 3 次灌服,马、牛用此量的 5～7 倍。防治流行性脑膜炎。

方9　忍冬藤 15 克,三棵针皮 20 克,扁豆衣 10 克,丝瓜络、荷叶各 15 克,竹叶 8 克,西瓜皮 45 克,煎汁适量。羊、猪每日分 3 次混饲。治脑炎恢复期症状。

方10　菊花 20 克,金银花 25 克,蒲公英 30 克,桑叶 20 克,黄柏 15 克,煎汁适量。羊、猪每日分 3 次灌服,连服 7 天,大畜用此量的 5 倍。治流行性脑炎发热不安、不食。

方11　七叶一枝花 20 克,黄芩 15 克,马齿苋 70 克,煎汁适量,加红糖 40 克。羊、猪每日分 3 次混饲,大畜用此量的 5 倍。治脑炎发热抽风。

方12　青蒿 15 克,瓜蒌 50 克,栀子 20 克,大青叶 25 克,共研末。羊、猪每日分 3 次混入饲料中饲喂,大畜用此量的 5 倍,连服数天。治脑黄发热、吐沫抽风。

方13　黄芩 40 克,黄柏 50 克,大黄 30 克,荆芥 35 克,薄荷 25 克,共研末,加白糖 100 克。马、骡 1 次沸水调灌,每日 1 剂,连服 7 天。治脑黄发热、冲撞抽风。

方14　南星(炮制晒干)30 克,全蝎 10 克,地龙 30 克,甘草 35 克,共研末,沸水调,加猪苦胆适量。马、牛 1 次灌服,每日 1

剂,连服数剂。治脑黄抽风发热、吐沫冲撞。

方15 石膏 100 克,朱砂(别名丹砂、砵砂、良砂)30 克,共研细末,沸水冲调,候温。1 次灌服。治大畜兴奋型脑炎。

方16 地牯牛 10 个,用白酒 300 毫升浸泡,3 日后大畜灌服。

二、日射病及热射病(中暑)

【病　因】 日射病及热射病是由于家畜受强烈日光长时间直射,或外界环境过于闷热,畜舍通风不好,拥挤,或家畜在热天过度劳役和剧烈运动,机体散热功能发生障碍,破坏了热平衡而引起的一种急性疾病。

【症　状】 病畜突然发病,精神沉郁,全身出大汗,运步不稳。结膜充血,呈暗红色。心搏动增强,脉搏疾速,呼吸促迫,体温 41℃～42℃,最后体温下降,兴奋不安,全身颤抖,瞳孔散大,汗少而黏,昏迷或痉挛,多因虚脱而死亡。

【治　疗】 立即将病畜牵到阴凉通风处,用凉水浇头或反复用凉水灌肠,大畜灌服 1%～2% 凉食盐水 5～8 升。中草药治疗可选用下列处方:

方1 栀子 45 克,连翘 50 克,浮小麦 150 克,远志 40 克,煎汁候温,加鸡蛋 10 个(用蛋清)。大畜 1 次灌服。

方2 香薷(别名香柔、蜜蜂草)45 克,黄连 35 克,白扁豆 100克,酸枣仁 65 克,水煎 2 次共得汁 3 升,候温加鸡蛋 10 个。大畜每日分 2 次灌服。

方3 柏子仁 65 克,赭石(别名代赭石、红石头为赤铁矿的矿石、煅细末)30 克,西瓜皮 300 克,水煎 2 次共得汁 3.5 升,候温,加白糖 200 克,食盐 10 克。大畜每日分 3 次灌服。

方4 西瓜汁 5 升,白糖 150 克,鸡蛋 10 个,调匀。每日内分 3 次给马灌服,连服 3 天。

方5 冬瓜(连皮切碎)1 千克,鸭梨(去核切碎)500 克,萝卜

(去叶切碎)1 千克,共捣烂细,加鸡蛋 10 个、食盐 10 克。马、骡每日内分 3 次灌服。

方 6 鲜西瓜蒂 15 克,马齿苋 250 克,绿豆芽 200 克,珍珠菜(别名红头绳、扯根菜、虎尾)12 克,共捣碎烂,加酸菜水 1.5 升调匀。羊、猪每日分 3～4 次内服,马用此量的 5～6 倍。

方 7 蝉蜕 50 克,鲜卷柏(别名万年松、佛手草、还阳草、长生草)100 克,青蒿 40 克,鳖甲 60 克,共煎汁 2 次约 4 升。马每日分 3～4 次内服。

方 8 绿豆衣、扁豆花各 100 克,鲜荷叶 150 克,煎汁 2 次共约 4 升。马每日分 3 次内服,羊、猪用此量的 1/5。治中暑发热,烦渴吐沫。未病时服之可防。

方 9 甘草 30 克,滑石 120 克,夏枯草(别名铁色草、猪屎草)60 克,白茅根 65 克,煎汁 3 升,加白糖 150 克。马、骡每日分 2 次灌服。

方 10 鲜扁豆叶 150 克,鲜丝瓜花 50 克,生绿豆 100 克,白蒺藜 40 克,共煎 2 次得混合汁 3 升。马、牛每日分 2 次灌服,羊、猪服此量的 1/5。

方 11 灯心草(煅存性)4 份,羊踯躅(别名闹羊花、黄花杜鹃)2 份,荆芥炭 5 份,冰片 1 份,共研细末。每次吹入鼻中少许,每日数次,同时多次适量给病畜灌服淘米泔水。

方 12 鲜藕 300 克,鲜芦根 250 克,莲子心 30 克,黄羊角或白山羊角 40 克(锉末),共捣烂煎汁 2 次约 4 升。大畜每日分 3 次灌服。

方 13 鸡蛋 10 个(用蛋清),食醋 250 毫升,井水适量调服。驴 1 次灌服。

方 14 生豆浆 2.5 升,白糖 250 克,调匀。大畜 1 次灌服,每日 2～3 次。

方 15 生姜 50 克,韭菜 150 克,共捣碎烂拧汁,每隔半小时滴入鼻孔数滴,同时再用薄荷 50 克、绿豆 500 克、萝卜 1 千克,煎汤 1 盆候凉。每 1～2 小时灌服 0.5～1 升。

方 16 韭菜 1 千克捣碎,置于少许凉水中挤汁,混菜油 150 毫升、白糖 200 克、鸡蛋 5 个。大畜 1 次灌服。

方 17 生绿豆 200～600 克擂浆,加入白糖 200～400 克。大畜 1 次灌服。隔 1～2 小时再用 1 次。猪、羊酌减。

方 18 陈醋 200～300 毫升,加水适量。大畜 1 次灌服,猪用陈醋 20～50 毫升灌服。

方 19 韭菜 1 千克洗净挤汁,加 4 个鸡蛋(用蛋清)。大畜 1 次灌服。

方 20 鲜龙葵 500～700 克,红糖 200 克,煎汁灌服。牛每日 1 剂,连服 2 剂。灌后应注意有无毒副作用,有则停药。

方 21 鲜人尿 300～600 毫升,冲鸡蛋 3～5 个。牛 1 次灌服。

方 22 青蒿 250 克,绿豆 300 克,煎汤取汁,候凉加入童便 300 毫升。牛 1 次灌服。

方 23 苦瓜 3 千克切薄片,均匀撒布食盐 100 克,稍后用力揉搓,榨取苦瓜汁约 500 毫升,1 次灌服。鲜苦瓜叶揉汁灌服同样有效。

方 24 青竹叶 250 克,生石膏 100 克,捣碎加 200 毫升沸水烫药,搅拌 15 分钟,候温灌服,间隔 3 小时后牛再次灌服。

方 25 鲜螺蛳 1～2 千克,砸碎澄清,取上清液,加白糖 200～400 克,鸡蛋 5～10 个(用蛋清),搅匀给牛灌服。

方 26 用湖底泥反复涂抹猪躯体。

方 27 鲜马鞭草 200 克捣烂,加入常水 1～1.5 升搅拌,滤渣,取药液 350 毫升,猪 1 次灌服。

方 28 刘寄奴、夏枯草各 15～20 克,切碎,水煎取汁,候温饮用。治或防各种家畜中暑。

方 29　薄荷水 3～4 滴，人丹 2～5 粒，加水适量，1 次内服。治兔中暑。

方 30　用三棱针（酒精消毒）刺破耳静脉、尾尖、脚趾放血。治兔中暑。

方 31　鲜苦瓜叶揉汁适量，灌服，治禽中暑。

三、膈痉挛（跳肷）

【病　因】　本病是由于膈神经受到刺激，引起膈肌痉挛性收缩的疾病。常因使役后大汗而大量饮冷水，精神兴奋等致病。也可继发便秘、胃扩张、肠臌胀等，由于迷走神经兴奋反射地刺激而发病。

【症　状】　病畜食量减少或不食，垂头呆立，不愿行动。继而腹部出现有节奏地跳动，肷和肋弓处最明显。跳肷次数和心跳、呼吸不一致，在鼻孔附近可听到呃逆音。

【治　疗】　可选用下列处方：

方 1　旋覆花 40 克，苏子 130 克，豆腐 1 千克，共捣碎烂。大畜 1 次灌服。治肝郁气滞或肺气上逆引发的膈痉挛。

方 2　甘草 60～120 克，益母草 30 克（可不加），麻仁 250 克，研末，加入腌韭菜水 1.5 升调匀。大畜 1 次灌服。如无腌韭菜水时，用鲜韭菜拧汁调服。治气血瘀滞引起的膈痉挛。

方 3　丁香 35 克，柿蒂 70 克，高良姜 70 克，甘草 50 克，共研末，沸水冲调，候温。大畜 1 次灌服。治胃寒性膈痉挛。

方 4　丁香 30 克，柿蒂 70 克，党参 150 克，生姜 75 克，研末，沸水冲调，候温。大畜 1 次灌服。治脾胃虚寒性膈痉挛。

方 5　刀豆子 100 克，生姜 65 克，研末，加蜂蜜 100 克，沸水冲调，候温。大畜 1 次灌服。治虚寒性膈痉挛。

方 6　南瓜蒂 25 个，煅赭石 100 克，煎汁适量，候温。大畜 1 次灌服。治气滞跳肷。

方7　老刀豆壳145克,柿霜35克,煎汁适量,候温。大畜1次灌服。治膈痉挛。

方8　凤仙花(别名金凤花、灯盏花、指甲花)85克,土鳖虫(去头足)30克,蝉蜕50克,共捣烂,沸水3升冲调,候温。大畜每日分2次灌服。妊娠母畜忌服。治气血瘀滞引起的膈痉挛。

方9　鲜茴香根100克,麦芽120克,竹茹50克,煎汁适量,候温。大畜1次灌服。治食滞湿浊引起的膈痉挛。

方10　陈皮50克,姜半夏40克,荷叶蒂120克,煎汁适量,候温。大畜1次灌服。治气郁湿滞引起的膈痉挛。

方11　鸡内金50克,食盐15克,微炒研末,加沸水、食醋各300毫升,调匀,候温,打入新鲜鸡蛋10个。大畜1次灌服。治脾虚食积引起的膈痉挛。

方12　香樟子(别名樟树子、樟子、樟梨)100克研末,加入白酒100毫升,水适量。马、骡1次灌服。

方13　柿蒂7个,红糖50克,水煎去渣,候温灌服。治羊跳欣。

方14　朱砂6～10克,甘草30～60克,研末,马、骡1次灌服。

四、颜面神经麻痹(吊线风、歪嘴风)

【病　因】　颜面神经麻痹多由头部受挫伤、压迫或寒冷的刺激而引起。也有咽头、耳下腺等炎症的浸润所致。另外,脑肿瘤等也能引起本病。在流行性感冒等的经过中,也能继发本病。

【症　状】　一侧颜面神经麻痹较为多见,表现耳郭松弛、歪斜,呈水平状或下耷。上眼睑及下唇下垂,上唇偏向健侧;鼻孔下陷,鼻尖连同上唇向左侧或右侧歪斜。采食、饮水困难,口内聚集食物。两侧颜面神经同时麻痹时,嘴唇不歪斜,但松弛下垂,呼吸困难,严重影响采食饮水。

【治　疗】　可选用下列处方：

方1　白芥子20克,皂角35克,雄黄20克,共研细末。陈醋调膏涂患部,每日1次,结合针灸开关穴。

方2　火麻仁(去皮)、鲜生姜各125克,共捣成软膏涂于病畜锁口穴上方两侧,纱布包扎。每日1次,并火针锁口穴。

方3　天麻25克,白附子20克,全蝎10克,僵蚕35克,共研末,沸水冲调,候温。大畜1次灌服。

方4　明天麻45克,炙马钱子(别名番木鳖、牛银)3克,甘草35克,共研末,沸水冲调。大畜1次灌服,兼治血热肿毒。

方5　马钱子适量,加入炒热的沙子中,炒至呈深黄色并鼓起时取出,筛去沙子．刮去毛,研为细末,撒于橡皮膏上一薄层,贴敷于口眼歪斜的面部(向左歪贴右,向右歪贴左),7日换药1次,至恢复正常为止。

方6　皂角(本品与猪牙皂形状不同,但效用相同)适量,研末,加等量荞麦面,食醋调加温,贴敷麻痹部位,经2小时后取下,隔1日贴1次,3次为1个疗程。

方7　大核桃1个去仁,放入蝎子3个,置炭火上烧至冒烟离火,共研细末,沸水适量冲调,加黄酒150毫升。大畜1次灌服,连服2天。

方8　蜈蚣(别名天龙、百足虫)5克,白附子35克,防风90克,甘草40克,研末,沸水适量冲调,加黄酒120毫升,候温。大畜1次灌服。

方9　白芥子30克,皂角25克,雄黄20克,共研末,食醋调贴敷歪斜对侧,贴前先在患部咬肌皮肤上针刺出血,然后贴上药膏,纱布包扎。

方10　草乌(为乌头的主根,本方用炮制过的草乌,炮制法是将草乌用凉水浸泡,每日换水3次,口尝仅稍有麻辣感时取出,加5％甘草、10％黑豆,用水煮至草乌熟透内无白心为止,拣净草乌晒大半干时切片,晒干)60 克,细辛、高良姜、白芷各 30 克,共研末,加鲜姜捣成泥状。外敷患部并包扎。

方 11 白芷 30 克,白及 10 克,研极细末,用活鳝鱼割尾滴血调成稀膏。外敷歪斜对侧,5～7 日换药 1 次,至恢复为止。

方 12 蓖麻籽去壳捣成泥状,敷于歪斜对侧下颌关节及口角部,厚约 0.3 厘米,纱布绷带固定,每日换药 1 次,至愈。治创伤引起的吊线风。

方 13 鲜蓖麻叶加黄酒捣成泥状,贴于面部歪斜对侧,干即换药。治瘀血引起的吊线风。

方 14 生南星 1 份,生栀子 2 份,共研细末,用食醋调敷歪斜对侧下颌骨角处,干即换药。治吊线风初期。

方 15 制半夏 25 克,制南星 20 克,荆芥 35 克,防风 30 克,蜈蚣 5 克,煎汁适量。大畜 1 次胃管投服,每日早、晚各服 1 剂,同时用松香 30～50 克,白酒 100～200 毫升,煎化,涂敷歪斜对侧,每日 1 次,每次换药前,先用嫩桑皮 100 克,嫩槐枝 200 克,花椒 30 克,艾叶 25 克,煎汤乘热频洗颜面,先洗歪侧,后洗对侧。

方 16 草乌 10 克,白芷 20 克,研末,鲜鳝鱼尾血或鸡蛋清适量调涂歪斜对侧。另用全蝎 15 个焙研末,沸水适量冲调,加黄酒 100 毫升,大畜 1 次灌服。外涂内服每日各 1 次。涂药前先剪毛,用白芷 30 克煎汁洗净患侧。

方 17 去皮巴豆 7 粒,青葱叶 1 片,鲜姜 1 片,共捣为泥,做成丸,塞入歪斜对侧鼻孔,再用药棉堵塞,经 30～60 分钟取出。

五、癫痫(羊痫风、羊角风)

【病 因】 本病是周期性发作的中枢神经功能障碍的慢性病。真性癫痫,多因大脑皮质或皮质下中枢兴奋性增高,使兴奋或抑制过程紊乱。继发性癫痫,常发生于脑肿瘤,脑寄生虫等。

【症 状】 本病在发作之前有某些先兆症状,如精神委顿或兴奋,有尖叫声等。发作时病畜战栗,身体摇晃,鼻孔开扩,呼吸深长。倒地后开始强直性或阵发性抽搐,眼球翻动,瞳孔散大。面肌及耳、鼻、唇抽搐。颌骨有痉挛性运动,口流涎沫,可听到轧齿音,牙关紧闭,黏膜常呈蓝紫色,随之四肢和躯干剧烈收缩,四肢出现游泳样动作,呈现不随意排尿或排粪,刺激无反应。发作初期呼吸可瞬间中断,随阵发性痉挛的来临而恢复。心跳加速,脉硬细。痉挛由30秒至5分钟,呼吸促迫,并发呻吟声。痉挛后恢复正常,表现疲劳衰弱。反复发作时间不一,或发作1次即停止。

【治　疗】　可选用下列处方:

方1　白矾30克,皂角50克,防风40克,蜈蚣5克,共研细末,茶水适量冲调,候温。大畜1次灌服。治风痰引起的癫痫。

方2　黄羊角50克,朱砂10克,石菖蒲100克,全蝎15克,共研末,沸水调冲。大牛1次灌服。治癫痫倒地抽搐。

方3　薄荷叶20克,川芎50克,茯苓100克,制南星45克,共研末,沸水冲调。大畜1次灌服。治癫痫抽风吐沫。

方4　蚰蜒5～10个,用鸡蛋数个开洞装入蚰蜒,焙干研末。分5次给羊、猪混入饲料中吃下,每日1次。

方5　鳖1个,山羊角50～60克,加水煮至鳖熟,给成年猪、羊吃肉喝汤,每日1次,连吃7日。防治猪、羊癫痫发作。

方6　胡椒(黑白都可)4克,莱菔子15克,缬草(别名拔地麻)15克,共研末,用山羊角30～50克煎汁适量冲调。成年猪、羊1次灌服,病重的每日早、晚各服1次。治寒痰毒邪引起的羊痫风病。

方7　酸枣仁50克,地龙(晒干)35克,共研末,鲜黄瓜藤250～500克,煎汁适量冲调,候温。大畜1次灌服,或每日分2次灌服。治外感热邪或痰火扰心引起的癫痫。

方8　朱砂1克,酸枣仁15克,乳香5克,共研末,沸水冲调。成年猪1次灌服,病重的早、晚各服1剂,混饲料中吃下亦可。治风邪引起的癫痫。

方9 郁金20克，白矾15克，全蝎7克，共研末，沸水冲调。成年羊1次灌服，大畜用3倍量。治气滞痰瘀性癫痫。

方10 蛇蜕10克，半夏12克，川贝母15克，共焙干研末，沸水冲调。成年羊1次灌服，视病情轻重，每日1~2剂，大畜用此量的5~6倍。治癫痫痰迷心窍。

方11 僵蚕50克，白矾30克，荆芥65克，蝉蜕100克，共研细末，沸水冲调。大畜1次灌服，治风邪引起的癫痫。

方12 猪心1个，用黄泥包住焙干，川贝母、朱砂各10克，共研细末。大畜分6次混饲服完，每日早、晚各1次。

方13 牡丹皮15克，鱼鳔胶(蛤粉炒)20克，共研末。成年猪1次混入饲料中吃下，病重者每日1~2剂。

方14 皂角35克，全蝎20克，木香30克，共研末，沸水冲调，加黄酒适量。大畜1次灌服。

方15 蚤休根15克，胆南星12克，羌活7克，黄豆150克，研末，葱汁沸水调匀。羊1次灌服。或水煎服加菜油少许。

方16 茶叶(经霜的)15克，白矾10克，柴胡12克，共研末，沸水冲调。羊1次灌服或混入饲料吃下。

方17 羊苦胆1个，装入9只蜜蜂，外包黄表纸7~8层，用线扎住，涂泥一厚层，放木柴火上焙干，剥去泥纸，研末。视羊体大小，每次6~10克，加黄酒为引，沸水冲调，候温灌服，或混入饲料吃下。

方18 红蓖麻根(红茎红叶的)65克，鸡蛋2个，加醋适量煎煮1小时，去蓖麻根，候温。成年猪1次将药汁鸡蛋吃下，每日1次，连服数天。

方19 凤凰衣(孵化后的鸡蛋壳内膜)60克，白矾16克。研为细末，沸水冲调，加蜂蜜200克为引。大畜1次灌服。

方20 浮小麦、炙甘草各100克，研为细末，沸水冲调，加大枣泥 200 克为引。大畜 1 次灌服。

方 21　炙马钱子 3 克,地龙 31 克。研为细末,水煎汁。大畜 1 次灌服。

方 22　取生锈严重的铁块蘸水磨擦,至水呈棕红色,煮沸。取铁锈水 2 升,候温。成牛 1 次灌服。

方 23　白矾 25 克,鸡蛋 4 个(用蛋清)。先将患犊耳尖针刺放血,然后用白矾与鸡蛋清混合调匀,加水适量。犊牛 1 次灌服。

方 24　白矾 100 克,郁金 60 克,赭石 80 克,沸水冲调,候温后加 5 个鸡蛋(用蛋清)。牛 1 次灌服。

第六章　新陈代谢疾病土偏方

一、骨软症

【病　因】　骨软症又叫纤维性骨营养不良。饲料内的磷、钙不足或磷、钙比例不当,不合理的饲养引起骨组织脱钙,骨质疏松软化,胃肠功能紊乱,维生素 D 缺乏及甲状旁腺功能亢进等直接影响磷、钙的吸收和利用,也往往发生本病。

【症　状】　马多发生在冬、春季节。病初呈现消化紊乱,间有异食癖,病期延长则逐渐消瘦,动作谨慎而紧张,好出汗,易疲劳,反复出现不明原因、时轻时重的跛行。有时吐草。病畜喜卧地,严重时躺卧不能起立。若病情发展,则骨骼变形,头骨肿大,颌凹狭窄,关节肿胀,肋骨增粗,脊椎弯曲变形,易发生骨折。穿刺额骨,容易刺入。母畜在妊娠后期及泌乳盛期病情加重。牛症状基本同马,异食癖更为明显。病牛尾巴柔软,严重的可以像绳一样缠绕弯曲。

【治　疗】　可选用下列处方试治:

方 1　海螵蛸 70 克,牡蛎 65 克,麦芽 60 克,共研末,沸水冲调,加蜂蜜 100 克。大畜隔日 1 剂,灌服 15 剂为 1 个疗程。

方 2　石菖蒲 15 克,龙骨 50 克,补骨脂 20 克,共研末。羊 1 次混入饲料吃下。隔日 1 剂,15 剂为 1 个疗程。

方 3　草木灰 1.5 千克,加清水 5 升,充分搅拌后静置 1 昼夜,取上清液煮沸浓缩至 1 升。羊、猪每次 25~35 毫升,每日 3 次混入饲料中吃下,连续饲喂 100 天。

方 4　龟板(焙干)20 克,焦神曲 25 克,骨碎补(别名毛姜、申姜)15 克,共研末。成年猪 1 次,50 千克以下的猪分 2 次,混入饲料吃下,隔日 1 次,20 次为 1 个疗程。治体虚消化不良缺钙。

方5 兽腿骨(焙黄)65克,螃蟹(焙焦)70克,五加皮35克,甘草20克,共研末,沸水冲调。大畜1次灌服。

方6 骨粉65克,何首乌20克,鸡内金或鸭内金15克,共研末,加鱼肝油12～15毫升。混饲料中给猪1次吃下。防治消化不良引起的骨软症。

方7 鸡蛋壳100克,田螺150克,食盐5克,共捣碎烂,加食醋250毫升,水500毫升,煎沸半小时,候温。大畜1次灌服,隔日1剂,30剂为1个疗程。

方8 小鱼(带杂阴干,或鲜的捣碎)200克,黑豆炒干250克,金樱子100克,神曲50克,共研末。猪1次沸水冲调候温服,或混入饲料吃下。治肾脾亏虚,运化失调,骨软乏困。

方9 鲜牡蛎肉150克,酵母30克,胡萝卜250克,菠菜200克,共捣碎烂,沸水适量冲调,候温。大畜1次灌服,隔日1剂,30剂为1个疗程。

方10 兽腿骨(油炸黄)150克,麸皮45克,山楂35克,共研末,加番茄1千克,鸡蛋(带皮)5个,共捣碎调成稀糊状。牛隔日1剂灌服,15剂为1个疗程。

方11 南京石粉200克,苍术、延胡索、牛膝、红花、甘草各25克,鱼肝油20毫升,鸡蛋(带皮)5个,混合口服,马1次量。每日1次。

方12 南京石粉30～60克,食盐15克,混在豆饼里拌草饲喂,马1次量。每日1次。

方13 苍术、牡蛎、黄芪、焦三仙各30克,山药、陈皮、枳壳各25克,广木香20克,甘草15克,共研末,沸水冲调,加麻油或核桃仁90克。大畜每日1次灌服,连服5～7剂。

方14 龙胆草60克,炒牡蛎、南京石粉、苍术各150克。共为细末,混合均匀,每日混饲料中30克,连用数天。

方15 海螵蛸、蚕砂、鸡蛋壳、苍术各200克,共为细末,混合均匀。每次混饲料中 30 克,每日 2 次,连用数天。

方 16　牡蛎 30 克,龙骨 33 克,螃蟹 45 克。共研末,大畜每日 1 剂灌服,连用数天。

方 17　煅牡蛎 40 克,龙骨 10 克,食盐 10 克,研细末,拌麸料中喂服。生马钱子 1.5 克切碎,拌草中喂服。马属动物每日 1 剂,连喂 7 天。

方 18　嫩酸枣枝条若干,切碎捣烂,各种家畜每日饲喂,用量不限。

方 19　苍耳 500 克,杜仲 120 克,共水煎煮 3 遍去渣,混合冲酒 100 毫升和兽骨粉 100 克,给牛灌服。

方 20　金刚藤(别名铁刺菱、红刺根、白蟹刺、菝葜)100 克,切细,加大米 500 克、盐 20 克,煮成稀饭喂猪,日服 1 剂,连服 2～3剂。

方 21　苍术 2 份,石决明 1 份。共研细末,制成散剂。大畜每次 80 克,小畜酌减,1 次喂服。

方 22　日粮中加喂 2% 蛋壳粉或骨粉、鱼粉。防治家兔佝偻病。

方 23　苍术 2 份,石决明 1 份,共研末。每只禽 1 次服 1 克,每日 2 次喂服。防治禽维生素 D 缺乏症。

二、异嗜癖(舔癖)

【病　因】　异嗜癖是以消化紊乱、味觉异常为特点的代谢病。主要因为饲料中钴和铜不足。此外,在某些慢性病如骨软症、慢性消化不良及肠道寄生虫病等的经过中发病。

【症　状】　病畜舔食、啃咬或吞食各种异物,常有消化不良或腹泻,久则消瘦,贫血。母畜多发生流产,最后可因衰竭、瘦弱死亡。

【治　疗】　通过改换放牧场,或改善饲料,可在短期内恢复正常。防治可酌情选用下列处方：

方1　鸡蛋(带皮)1～2个，胡萝卜100克，共捣碎烂。羊羔1次量，日服1次。防治食毛癖。

方2　骨粉10～15克，食盐3～5克，麸皮50～70克，研末掺匀混入精料。羊1次量，每日1次，连服30次。防治吃土灰异物。

方3　巴豆(别名刚子、江子、马菽)1～2克，研末去油，用生、熟清油各30毫升调服。治母猪吃胎衣。

方4　小鱼200～400克(干鲜均可)，食盐10克，捣和一起，大畜1次灌服。

方5　骨粉30克，鱼粉60克，食盐5克，麦芽40克，山楂20克，共研末。混入饲料中吃下，为羊、猪每日量，连服20天为1个疗程。大畜用此量的5～8倍。治啃食毛骨等异物。

方6　伏龙肝60克，硫酸镁25克，龙骨50克，鸡蛋2～3个，葱白30克，共捣碎烂。混入饲料中吃下。为羊、猪、驹、犊每日量，隔日1剂，15剂为1个疗程。防治异食癖和幼畜抽搐。粪干结时加蜂蜜适量。

方7　芒硝150克，草木灰35克，伏龙肝100克，研末，沸水适量冲调，候温，加鸡蛋7个。大畜1次灌服。防治异食啃墙癖。

方8　小苏打10克，食盐5克，酒曲30克，黑豆100克，共研末。混入饲料中，羊、猪每日1次吃下，连服15天，大畜用此量的3～5倍。治异食不化、瘦弱，鼻镜多汗。

方9　红土4份，生石膏5份，麸皮10份，食盐1份，焦槟榔2份，麦芽7份，共研细末。猪、羊每次30～40克，大畜每次100～150克，混饲料中饲喂。治虫积异嗜。

方10　芒硝、滑石、榆树皮各250克，共为末，沸水冲药加黄酒250毫升。大畜1次灌服。

方11　燃烧过的煤砖灰或红黄干土适量。撒在猪圈地面，任猪自由采食。

方 12　母猪鬃毛 100 克烧灰,调水灌服。治母猪食仔癖。

方 13　食油或蓖麻油 10 毫升(幼兔减半),每日 2～3 次内服,连服 1～2 天。治兔食毛症。

方 14　大黄 6 克,芒硝 6 克,枳实 5 克,厚朴 7 克,加适量水,煮沸后微火煎 20～30 分钟。兔每日剂量,分 2 次服,连服 2 天。治兔食毛症。

三、消瘦(瘦弱病)

【病　因】　消瘦是由于长期胃肠功能障碍或过度劳役而发生的消瘦病。主要由于慢性消化不良、寄生虫病或过劳、草料不足,以致营养物质不能维持机体的需要,体内糖原、脂肪、蛋白质分解多、合成少,并不断被消耗,因而逐渐消瘦。一些慢性传染病后期,有的家畜转移到新地区后,胃肠功能不能适应新的饲养条件,也常导致本病发生。

【症　状】　开始虽然身体高度消瘦,食欲还可能很旺盛,但以后食欲减少,毛焦欺吊,精神沉郁,结膜苍白,眼球凹陷,下唇松弛,有时胸前或四肢水肿。口干食减,体温降低,异常乏弱,起立困难,甚至颤抖、自汗、虚脱。

【治　疗】　应以护理为主,积极改善营养,配合必要的药物治疗。中草药治疗可选用下列处方:

方 1　胎盘粉 60～150 克,沸水沸水冲调。大畜 1 次灌服。猪每日 10 克混饲。

方 2　狗肉汤(或牛肉汤)5 升。大畜 1 次灌服,每隔 1～2 日 1 次,连服 3～5 次。

方 3　发酵面团、生白萝卜(切碎)各 500 克,麻油 150 毫升,混合。大畜 1 次灌服,2 日 1 次,10 次为 1 个疗程。治脾虚不运,瘦弱。

方 4　白萝卜(切碎)500 克,小米 300 克,猪油 150 克,蜂蜜

120 克,混合加水适量煎沸,候温。大畜 1 次灌服,隔 3 日 1 次,连服 3～5 次。

方 5　新鲜牛羊或猪骨头 200 克,砖茶 70 克,小米 100 克,食盐 30 克共研末,沸水冲调候温。大畜 1 次灌服。

方 6　生姜(切碎)60 克,红糖 300 克,田螺(带壳捣碎)150克,麻油 120 毫升,沸水适量冲调。大畜 1 次灌服。

方 7　蝗虫(炒焦研末)150 克,沸水冲调。大畜 1 次灌服,中小畜酌减。

方 8　童便 300 毫升,黑豆面(炒香),300 克,淘米水适量冲调。大畜每日 1 次灌服,连服 15 天。治瘦弱易出汗。

方 9　党参 100 克,白术 50 克,山药 150 克,共研末,热米汤冲调。大畜每日 1 次灌服,连服 15 剂为 1 个疗程。治瘦弱不贪水草。

方 10　榆树叶、马铃薯各 500 克,葱白 30 克,共切碎捣烂,打入鸡蛋 5 个,淘米水适量冲调。大畜每日 1 次灌服,连服 15 天。治瘦弱呆钝,尿不利或水肿。

方 11　小鱼(晒干研末)100 克,青萝卜(切碎)200 克,食盐 5克,共同调匀。混合饲料喂猪,每日 1 剂,连吃 15 日。

方 12　皱叶狗尾草(别名马草、烂衣草)500 克,老南瓜瓢或南瓜根 200 克,煎汁,对蜂蜜 200 克灌服。治牛吃胎衣瘦弱症。

方 13　黄豆 250 克,食盐 5 克,煮熟喂羊。

四、僵　猪

【病　因】　因某种原因,猪生长陷于停滞状态称为僵猪。患有慢性消化不良;缺奶及母猪营养不良;近亲繁殖;缺乏维生素,饲料营养不全;患过猪瘟等病的猪。另外,皮肤病,缺乏矿物质、钙磷比例失调等都能引起本病。

【症　状】　食欲不振,发育停滞,皮毛粗乱,体格瘦小,拱背吊胺,行动迟缓。有的贫血便秘与腹泻交替发生。

【治　疗】　可选用下列处方:

方1　大麦芽 50 克,苦参 10 克,莱菔子 20 克,研末。混饲,25 千克以下的猪每日早、晚各喂半量,25 千克以上的,剂量加倍,连喂 10 日为 1 个疗程。治慢性胃肠障碍、发育不良。

方2　神曲 250 克,何首乌、山楂(可不加)、贯众各 150 克,共研细末。每日服 15～20 克,体重 25 千克以下的猪 1 个月服完。治心脾虚损,发育停滞。

方3　何首乌、贯众、鸡内金、炒神曲、苍耳子各 50 克,炒黄豆 200 克,共研末。每日早上混入饲料喂猪,分 15 日服完。

方4　神曲、麦芽、当归各 65 克,黄芪 60 克,山楂、使君子各 100 克,焦槟榔 45 克,党参 25 克,共研细末。混料饲喂,25 千克体重的僵猪分 3 日服。由寄生虫引起的,重用山楂、槟榔、使君子,加麦芽;气血虚的重用当归、黄芪;脾虚的重用党参、神曲。

方5　蛤鱼(别名长股、田鸡、青蛙)干的 65 克或活的 100 克,无毒蛇(如黄链蛇、黄背白环蛇、乌蛇、翠青蛇、虎斑游蛇等)干的 35 克或活的 60 克,切碎给体重 25 千克左右的僵猪 1 次混料饲喂。治风毒或肺气虚引起的发育不良。

方6　石菖蒲 20 克,苦参 15 克,黄精(别名猕猴姜、菟竹、山姜)25 克。体重 25 千克左右的僵猪煎汤连渣灌服,或将上药加入饲料中煮喂,每日 1 次,连服 10 天为 1 个疗程。治体亏脏虚引起的发育不良。

方7　何首乌 20 克,山药 30 克,萆薢(别名白节、竹木、赤苓)15 克,切碎,煮入饲料中饲喂。体重 25 千克以下的僵猪每日 1 次,15 日为 1 个疗程。治心肾虚亏引起的发育停滞。

方8　槐树根 35 克,煎汁适量。体重 20～25 千克的猪 1 次混饲料中服下,每日 1 次,连续 5 日。治脏毒引起的发育不良。

方9　青萝卜 500 克切碎,食盐 2～3 克,小米(炒焦研末)200

克。25 千克左右的僵猪每日吃完,连服 15 天。治营养失调引起的发育停滞。

方 10　鱼头焙干研末 250 克,蜈蚣焙干研末 1.5 克,鲜萹蓄切碎 65 克。25 千克左右的僵猪,混饲料中每日饲喂完,隔 2 日 1 剂,5 剂为 1 个疗程。治湿毒伤脏发育停滞。

方 11　苍术、松针、侧柏叶各 15 克,共为细末,混饲料中喂给。

方 12　胡萝卜 100～200 克,苍术 30～60 克,喂服。

方 13　芒硝 25～35 克,大黄 10 克,番泻叶 6 克。研末喂服。治慢性胃肠病引起的僵猪。

方 14　萹蓄 30 克,蜈蚣(焙干)2 克,共为细末。分 2 次混饲料中喂给。

方 15　钩藤(别名胡蔓草、断肠草、大茶药,对人有剧毒,畜禽耐受性高)叶 1～2 克,阴干粉碎为末。对 12.5～25 千克体重的猪,用猪油 25 克炒饭拌药粉 1～2 克,早晨空腹顿服,每日 1 次,连服 3 天。体重 7.5 千克以下者减半,1～2 月龄仔猪每 25 千克体重服 1 克;每增重 25 千克加药量 1 克。

方 16　干大麦芽、贯众各 2 份,何首乌 1 份,共为细末。每 5 千克体重用 5 克药末,拌精料喂,早、晚各 1 次,连用 20～30 天。

方 17　干马齿苋 1 千克,神曲 0.5 千克。共研细末拌料 100 千克。用药前先驱虫,以后停食 1～2 顿,然后喂服加药的饲料。

方 18　干酵母 50～100 克,贯众 9～15 克。共为细末,喂服。

五、过劳(伤力)

【病　因】　过劳多因连服重役而突然发病。锻炼不够、劳役不均和使役不当是主要原因,心脏功能不全,体质衰弱和对环境不适应易发本病。慢性的多因营养不足或继发于某些慢性病。

【症　状】　轻者在劳动中突然发现病畜精神沉郁,结膜呈暗红色,全身出汗,体温升高,休息二三天可逐渐恢复。重者伴发肺水肿,呼吸困难,听诊肺部有湿啰音,鼻流白色泡沫样鼻液。常并发过劳性肌炎或蹄叶炎,甚至卧地不起或突然倒地抽搐,心力衰竭而死亡。

【治　疗】 可选用下列处方:

方1　小苏打100～200克,水适量,每日1次灌服,以补碱解毒。随后用西瓜皮250～500克煎汁200～300毫升,徐徐灌服,以退热利尿。治马、骡急性过劳初期,发热出汗失神。

方2　水菖蒲100克,甘草50克,滑石150克,共煎汁适量,徐徐灌服。治马伤力出汗抽搐,呼吸困难。

方3　葶苈子65克,胆南星30克,白矾40克,竹叶30克,共研末,沸水200～250毫升冲调,加蜂蜜100克,候温。给马、骡徐徐灌服。治急性过劳发热喘急,烦躁不安。

方4　淡竹叶25克,生石膏50克,葶苈子65克,共研末,沸水2升冲调,候温,加5个鸡蛋(用蛋清),给马、骡徐徐灌服。治急性过劳发热,呼吸困难,肺有水泡音。

方5　酸枣仁50克,茯苓60克,炙甘草90克,炮附子35克,加凉开水煎沸1.5小时,滤汁,加入鸡蛋5个(用蛋清)。给马、骡徐徐灌服。治急性过劳引起的心脏衰竭。

方6　鲜万年青60克,干蟾蜍皮25克,炙甘草100克,车前子50克,共煎汁适量。马、骡每日分2～3次徐徐灌服。

方7　红糖300～500克,菟丝子(别名焰炎草、金丝草、无根藤)65克,茵陈50克,川芎60克,瞿麦35克,共煎汁适量。马、骡每日分2～3次徐徐灌服。

方8　党参100克,柏子仁35克,益母草60克,侧柏叶60克,煎汁适量。马、骡1次徐徐灌服。治急性过劳心悸气喘。

方9　瓜蒌皮100克,赤芍40克,川芎45克,甘草60克,煎汁适量。大畜1次徐徐灌服。治急性过劳心悸发绀。

方 10　红糖 500 克,茶叶 100～150 克,煎汁适量,加鸡蛋 5个。牛 1 次徐徐灌服。治急性过劳,乏弱无神,心跳减慢。

方 11　向日葵盘 100 克,莲子心 30 克,桑叶 60 克,玉竹 50克,煎汁适量。大畜 1 次徐徐灌服。治急性过劳,站立不稳,发呆。

方 12　白酒 250 克,大畜 1 次灌服。

方 13　白矾 0.5 克,甘草 50 克。研为极细面,混在精料粉末内,放饲槽中,任其自行舐食。每日 1 次,可连续用 1 周左右。马慢性过劳症复壮用。

六、维生素 A 缺乏症(夜盲症)

【病　因】　机体内维生素 A 含量不足或缺乏,在临床上出现一系列变化的疾病,叫维生素 A 缺乏症。饲料中缺乏维生素 A 是本病的主要原因,妊娠母畜或哺乳幼畜易患本病。在慢性胃肠和肝病过程中,由于胡萝卜不能转化维生素 A 也发生本病。缺乏日光下的运动,矿物性饲料不足也是诱因。

【症　状】　幼畜、幼禽生长停滞,发育不良,视力减弱,有干眼病、结膜炎、夜盲症、角膜混浊,体质瘦弱。马常患蹄叶炎。牛、羊常患产后胎衣不下,子宫内膜炎或不孕症。猪有明显的神经症状,如共济失调,转圈,肌肉痉挛或麻痹,呈嗜睡状态。消化呼吸器官有卡他性炎症。母畜流产,产死胎或虚弱仔猪,易致咳嗽、腹泻或震颤瘫痪。禽常从眼中流出水样分泌物,眼睑被分泌物黏着,严重时角膜软化、穿孔失明。

【治　疗】　重视供给青饲料即可自愈。也可选用下列处方:

方 1　胡萝卜 150 克,韭菜 120 克。羊、猪 1 次混入饲料中喂,每日 1 次,大畜用 5 倍量。

方 2　南瓜 30 份,胡萝卜 20 份,茶叶 1 份,共捣碎烂。羊、猪每次 200～300 克,大畜每次 500～1 000 克,混饲。

方 3　动物肝(鸡、兔、羊、牛、猪的较好)50～100 克,鸡蛋 1～

2个,共同捣烂调匀。羊、猪1次混入饲料中喂,大畜用此量的5～7倍。

方4　菠菜1 500克,猪肝250克,共捣碎烂,沸水冲调,候温。大畜每日1次内服,连服5天。

方5　夜明砂(别名蝙蝠粪、飞鼠尿、石肝、黑砂星)65克,猪肝500克,共同捣烂,沸水冲调。大畜1次内服。

方6　羊肝150克,苍术5克,共同捣烂。沸水冲调。羊、猪1次内服,大畜服5倍量。治肝虚脾湿,虚热上攻,夜盲眵多。

方7　羊肝150克,谷精草(别名谷精珠、文星草、鼓槌草)75克,共同切碎捣烂,沸水冲调。羊、猪1次内服,大畜服5倍量。治多眵有血丝、夜盲。

方8　苍术,犊、驹内服30～50克,羔羊及仔猪3～8克,每日1次,连续服用。

方9　苍术末(内含维生素A,维生素D),每次1～2克,日服2次,连用数天。治禽维生素A和D缺乏症。

第七章　外科疾病土偏方

一、湿　疹

【病　因】　湿疹又名湿毒,多因暑月炎天,使役出汗过多,尘垢淤塞毛窍或因久卧湿地,粪尿浸淫;或因感受风邪,风湿热邪郁结肌肤所致。急性湿疹以湿热为主,病久不愈多引起血虚。

【症　状】　初期皮肤变粗厚而红,有红斑或丘疹,以后变成水疱或脓疱,破溃后流脓。发病不久则见瘙痒磨擦,使皮肤损伤,常有渗出、结痂、脱毛、皮肤粗糙等病变。

【治　疗】　中药治疗可选用下列处方:

方1　花椒、艾叶各2份,食盐1份,白矾4份,大葱8份。煎汁洗浴患部,每日2～3次。治初期皮肤红痒。

方2　苍耳子3份,地肤子1份,蛇床子(别名野胡萝卜、野茴香、蛇米、蛇栗)2份。煎汁洗浴患部,每日2～3次。治初期皮肤红斑发痒。

方3　菊花100克,金银花75克,蝉蜕120克,甘草60克,共研末沸水冲调。大畜1次内服,另用苍耳全草煎汁洗患部,每日内服、外洗各1次。治急性湿疹初期瘙痒。

方4　玉米须(焙干存性)2份,苍术1份,研末,有渗出液的用药末干敷,不流水液的用麻油调敷患处。治湿疹瘙痒或溃流脓水。

方5　"米糠油"(制法:将米糠放入桶壁及底部钻许多小孔的铁皮桶内;铁皮桶内另装一燃着炭火的小铁桶,压在糠上烧灼,使"米糠油"经小孔流入净容器中)涂于患部,每日1～2次。治湿疹痒疼。

方6　黑豆1份,大黄3份,共研末,撒布流脓水处,每日2～3次。治湿疹水疱破溃期。未溃时用麻油调敷患部。

方7 百草霜1份,麻油4份,共同煎沸,加入蜂蜡2份,化开调匀凝膏。每日涂患部1～2次。治湿疹痒疼。

方8 蛇床子1份,苦参2份。煎汁洗患部,每日2～3次,每次洗后用白矾、雄黄等量研末撒布溃烂处,未溃烂的用黑豆油调药末涂于患部。治湿疹已破或未破。

方9 大葱3份,艾叶2份,花椒1份。水适量煎汁洗患部,每日2次,洗后用陈石灰、百草霜、伏龙肝各等份研末撒布患处。治腿部湿疹搔痒磨烂。

方10 浮萍1份,薄荷2份,苍耳全草3份。水适量煎汁洗患部,每日3次。治湿疹初期红肿起疱。

方11 白凤仙花3份,地肤叶梗2份,白矾1份。水适量煎汁洗患部,每次20分钟,每日2次,洗后用松香、枯矾各3份,青黛1份研为细末,麻油调敷患部。治湿疹此起彼伏日久不愈。

方12 烟梗3份,花椒4份,盐1份。水适量煎汁洗患部,每日3次,洗后用槐树叶、柏树叶、柳树叶各等份捣烂,纱布拧汁涂患部。治湿疹水疱未破奇痒。

方13 绿色铜锈(可用食醋喷在铜上生成),刮取后放入去核枣内,炭火上焙焦存性,加枯矾、煅石膏、冰片各等份,共研细末。湿疹溃烂的撒布于疮面,未溃烂的用麻油调抹患部。

方14 青胡桃皮1份,鲜柏树叶2份,绿豆面适量,共捣成糊。涂患部,每日1次。治湿疹顽痒日久不愈。

方15 鲜嫩松球捣烂拧汁涂患部,每日3次。治慢性湿疹。

方16 蚕豆荚(焙焦存性)3份,蚌壳(煅存性)1份,共研末,菜油调。涂患部,每日2次。治湿疹溃破流脓水。

方17 韭菜根5份,大葱3份,生姜2份,蒜1份,共捣烂,沸水适量泡半小时取汁洗患部,每日2次。治湿疹痒疼起疱。

方18 马齿苋适量煎汁洗患部,每日2次,洗后用鲜马齿苋捣烂,食醋调敷患部。治阴囊湿疹。

方 19 新鲜石灰 1 份,水 10 份,溶解搅拌取澄清液洗患部,洗后用土豆捣碎敷患部,每日早、晚各 1 次。治湿疹未破。

方 20 枯矾 3 份,黄柏、滑石各 1 份。研成极细末,过罗,撒布患处。

方 21 鲜墨旱莲 500 克,捶烂加入冰片 10 克。用纱布包好挤汁涂抹患部,每日 3 次,连用 2~3 天。

方 22 枯矾、海螵蛸、乳香各等份。共为细末,麻油调,涂擦患部。

方 23 密陀僧(别名氧化铅)20 克,蛇床子 60 克,白矾 15 克。共为细末,醋调外涂。每日 1 次,连用 2~5 次。

方 24 成熟干大蒜瓣烧灰存性研为细末,以食油调和涂患部,每日 1~2 次。

方 25 石膏 3 份,硫磺 2 份,青黛 1 份。共研细末,用猪油适量调膏,涂患处。

方 26 活蜥蜴用沸水烫死,除去头足内脏,置新瓦片上文火焙干,研细粉,取 50 克,加酒 50 毫升,混匀,加水适量。大畜每日 1 次灌服,连用 2~3 次。

方 27 枯矾 3 份,木炭 7 份,共研细末混匀撒布患处,每日 2~3 次。

方 28 鲜野菖蒲根茎 500 克(可供 10 头仔猪用)。洗净,切成 3 厘米左右段,加水 2 升,小火煮沸,捞去药渣,候温,用纱布蘸汁反复涂擦仔猪患部。每日 1 次,连用 2~3 次。

方 29 老南瓜蒂置新瓦上焙干研细末。敷患部后用布包扎,每日 1 换。治仔猪脐部湿疹。

二、荨麻疹(风疹块)

【病 因】 荨麻疹是由于畜体受内在或外在的刺激引起的一种过敏性反应。多发生在采食发霉或有毒饲料以后。此外,由于荨麻或毒草的刺激、昆虫的咬刺、皮肤尘埃过多、皮肤搔伤、某些传染病的中毒,如流感、寄生虫病、肠便秘、黄疸、未按规定使用血清都易诱发本病。

【症　状】　全身突然出现大小不等凸出皮肤的扁平疹块,最初边缘明显,以后边缘相接或相互融合。肿胀处皮肤发硬、刺痒。常在眼睑、嘴、头部、四肢及肛门等处出现,有时迅速消退,但又可长出新的疹块。

【治　疗】　先除病因再治疗。可选用以下处方:

方1　鲜韭菜10份,食盐1份,共捣碎烂,涂擦患部,汁尽即换,每次半小时,每日3～4次;另用韭菜500克切细,沸水冲调内服,每日3～4次。治马荨麻疹刺痒。

方2　苍耳子150克,水菖蒲60克,红花50克,研碎,沸水冲调。大畜每日早、晚各内服1次。治荨麻疹初起。

方3　活蚯蚓适量,放入适量白糖中溶化。涂擦患部,每日数次。治荨麻疹热痒。

方4　蛇蜕30克,绿豆500克,共煎汤适量。连渣给马内服,每日早、晚各1次。治荨麻疹屡发。

方5　蝉蜕75～100克,鲜蒲公英250克,共同捣碎,沸水冲调。马、骡每日早、晚各内服1次,服后用韭菜捣烂擦患部半小时。治荨麻疹顽痒。

方6　柏树子200克,浮萍(焙干)100克,牛蒡子60克,共研末沸水冲调。马、骡每日早、晚各服1剂。另用艾叶适量煎汁,温洗患部,每日2～3次。治荨麻疹顽痒。

方7　枣树皮200克,防风50克,炒麦芽150克,研末,沸水冲调。马、骡一次内服,再用1%食盐水洗患部,马、骡每日内服外洗早、晚各1次。治荨麻疹日久不愈。

方8　白蒺藜75克,益母草子150克,薄荷50克,研末,沸水冲调。马、骡每日早、晚各1次内服,并用苦参适量煎汁洗患部。

治荨麻疹初起。

方9　白鲜皮(别名白羊鲜、地羊鲜)100 克,冬瓜皮 300～500克,共捣碎沸水冲调。马、骡 1 次内服,并用鲜青蒿捣烂或干青蒿泡水擦患部。

方10　紫苏叶 2 份,芒硝 1 份。煎汁温洗患部,每日 3～5次。

方11　莴笋叶 3 份,大青叶 1 份,煎汁。温洗患部,每日 2～3次。治荨麻疹红肿。

方12　丝瓜叶、益母草各适量,煎汁。温洗患部,每日 3 次。治荨麻疹反复发生。

方13　热草木灰擦患部,每小时 1 次。

方14　水蓼(别名辣蓼草、药蓼子草、蓼草)、桃树叶各 3 份,食盐 1 份,煎汁适量。温水洗患部,洗后用艾叶捣烂擦患部,每日洗擦各 3 次。

方15　苦参 31 克,金银花、白鲜皮各 62 克(鲜品加倍),加水煎汁,候温。大畜 1 次灌服。

方16　生麻黄 22 克,乌梅肉 31 克,生甘草 47 克。加水煎汁,候温。大畜 1 次灌服。

方17　金银花、甘草、连翘各 50 克,防风、荆芥各 40 克。加水煎汁。大畜 1 次灌服。

三、肌肉风湿

【病　因】　肌肉风湿病因尚不清楚,有认为是链球菌作用于神经系统引起的神经营养失调;也有认为是过敏反应;有些人赞成病毒学说。本病的发生和饲养管理的关系密切。风寒、湿为本病之源。机体衰弱和出汗时,贼风和潮气易侵入畜体而发生本病。

【症　状】　分急性与慢性 2 种。急性者突然肌肉僵硬疼痛,敏感性增高。慢性者多由急性转来。肌肉弹性降低,萎缩或形成硬索,使役时易疲劳,全身症状轻微。病初个别病畜体温升高。四肢交替反复发生跛行,并随运动减轻或消失。

【治　疗】　可选用以下处方:

方1　酒糟炒热或麦麸6千克,食醋4.5升,混合炒至50℃左右,装入布袋或麻袋,敷于腰部,每日1次。治腰部风湿、腰僵直无力。

方2　用温食醋湿透鬐甲后方至百会穴两侧肘头水平线以上的被毛,盖以1米见方的浸醋旧毡(小于湿毛部),另用浸透60°白酒(或70%酒精)的纱布两块,交替盖在旧毡上点燃,毡干浇醋,布干浸酒,直到颈部、耳根出汗为止,趁火未熄,盖以麻袋,用绳捆绑,牵至暖厩休息,防止感冒。治腰背风湿。

方3　鸽子粪40克,大葱125克,小茴香50克,共捣碎烂。大畜1次灌服。治颈部肌肉风湿。

方4　硫磺35克,生石灰50克,炒荞麦面100克,共研细末,井水调成泥状敷患部。治关节风湿或四肢风湿。

方5　红辣椒5份,胡椒1份,加水浓煎。温洗患部,每日1～2次。治慢性风湿、疼有定处、遇寒即疼。

方6　桑寄生用60°白酒浸透,纸包阴干,研末。大畜每次100～150克,羊、猪每次20～30克,沸水调服;同时,再用豆腐渣炒热敷患部,用布包扎,每日1～2次。治家畜受湿引起肌肉疼痛,乏困懒动。

方7　老鹳草(别名汤汤青、黄瓜筋、五瓣花)100克,桑枝200克,煎浓汁适量,加白酒150毫升调匀。牛1次内服;同时,以陈艾叶醋炒研末,童便凋敷疼痛处,每日1次。治牛四肢肌肉风湿不能行动。

方8　柳树芽(柳叶、嫩柳枝亦可,但未开花时的芽最好)晒干研末,牛、马每次120～150克,猪、羊20～30克,沸水调服;同时,用花椒1份、盐2份,共研细末,食醋调敷患部,每日1次。治肌肉风湿初期疼痛发热。

方9　柳树芽(晒干研末)20克,嫩桑枝40克,防风15克,共煎汁适量。猪、羊1次混饲,大畜喂5倍量。

方10　鲜芝麻叶60克(或芝麻秸100克),秦艽20克,共煎汁适量。猪、羊混饲料中饲喂,大畜喂此量的5~6倍。治风湿病头低腰直硬。

方11　豨莶草(别名豨茜、毛豨莶、黏苍子、黏糊菜、黄花草)25克,打碗花(别名旋花拉拉菀、鲜猪草、野牵牛)100克,煎汁适量。羊、猪1次混饲料中喂。治风湿串疼懒动,或疼痛不安。

方12　窝儿七(别名阿儿七、窝儿参、山荷叶)15克,五加皮20克,韭菜根250克,共煎汁适量。羊1次混饲料中喂,药渣捣泥敷疼痛部。治肌肉风湿初起的一肢跛行。

方13　老姜、葱子各适量,捣烂敷疼痛部,每日2次。治局部轻度风湿疼痛。

方14　椿树枝、柳树枝、桑树枝、榆树枝各适量,煎汤温洗患部。治肌肉风湿疼痛日久不愈,各肢轮流跛行。

方15　鲜苍耳草250克,伸筋草500克,煎汁一大盆,取1/3给大畜灌服,余药温洗患部,每日1次。治四肢风湿跛行。

方16　凤仙花(别名灯盏花、指甲花)、苍耳子、陈艾叶各适量,煎汁洗患部,每日2~3次。治颈部风湿强直。

方17　酒糟10份,小茴香、食盐各2份,食醋3份,葱1份,共同炒热,用布包熨痛部,每次温包2小时,每日3次。治颈肌肉风湿,头颈伸直或侧歪,不能低头。

方18　菟丝子、炒棉花籽各120克,狗腿骨50克(焙焦存性),共研细末,沸水冲调,加酒150毫升,童便250毫升。大畜1次内服。治四肢风湿疼痛跛行,遇寒则重。

方19　茄根、艾条、桑枝条各5份,白矾2份,花椒1份,共同煎汁适量,温洗疼痛部;再用食醋2份烧热加酒1份,浸湿棉花敷患部,各每次半小时,每日 3 次。治四肢风湿跛行疼痛日久转为慢性。

方 20　天山雪莲(干品)200 克。以常水 3 升,煎至 2 升,去渣。马 1 次灌服,羊每服 150 毫升。

方 21　生川乌、生草乌各 50 克,用稀泥包好放在灶内烧干,取出药物洗去泥土,加水 5 升在大火上煎熬至约 1.2 升。牛每次内服 30～40 毫升,每日 2～3 次。

方 22　艾 250 克,五加皮 200 克,酒 150 毫升。将药水煎去渣,取汁冲酒灌服。牛每日 1 剂,连服至愈。

方 23　白砒末 3 克,艾叶末 9 克。将马、骡蹄甲削平,蹄心挖成凹心,将上药揉匀填入凹心,外用薄铁片盖之,再钉掌,半个月换药 1 次,用 1～3 次。

方 24　马钱子(油制)10 克,研末分 3 次用沸水冲调,候温灌服。每日 1 次,3 日服完。同时,取此药适量,用温开水调匀外擦。治马、骡肌肉风湿。

四、创　伤

【病　因】　因各种外力作用于机体,而使皮肤或黏膜出现伤口称为创伤。临床上分为新鲜创和感染创。

【症　状】　新鲜创有创口裂开、出血、疼痛和功能障碍等症状。感染创为创伤被细菌感染而化脓,局部肿胀、增温、疼痛,创缘周围附有炎性渗出物或脓痂等症状,创内一般流出黏脓性的炎性物。

【治　疗】

1. 新鲜创的治疗　常规清创消毒后,中草药可选用下列处方:

(1)内服药　地榆炭 100 克,棕皮炭 75 克,黄芪 85 克,共研末,沸水调至微温。大畜1次灌服。防治出血和增加抗病力。

(2)创面撒布剂

方1 白及、黄柏、白芷、白鲜皮各等份,共为细末,撒布创口并包扎,2日换药1次。

方2 黄芩3份,白及2份,煅石膏1份,共研细末。

方3 地榆炭、生蒲黄、白芷各等份,共研细末。

方4 红升丹(别名红升、三仙、红粉,主含氧化汞)4份,轻粉5份,炉甘石(煅)10份,冰片3份,共研细末。

方5 土贝母(别名土贝、草贝、大贝母、假贝母、地苦胆)适量,焙干研末。

方6 百草霜、莲须(焙干研末)各等份,研混掺匀。

方7 生半夏20克,土鳖虫10克,同放锅内文火炒干,加冰片3克,共研细末。

方8 丝瓜叶或西瓜叶晒干,研末。

方9 蛤蚌壳(烧灰存性)2份,干藕节4份,煅石膏3份,共研细末。

方10 阿胶(研末)、白糖各等份,混匀。

方11 干净石灰粉填入牛或猪胆囊中,混合阴干后研末。

方12 石灰粉25份炒至变色,加入大黄3份,同炒至起泡,候温研细末。

方13 炭灰(如鸭毛、桦树皮烧成炭灰)。

方14 白矾、松香(或蒲公英)各等份,研细末。

方15 松香、血余炭、棕榈炭按3:2:2的比例,混合研末。

方16 陈石灰2份,大黄片1份,混合后炒至石灰呈粉红色为度,冷却后研粉。

方17 百草霜10份,冰片1份,共研细面。

方18 生大黄20份,冰片1份,各药单研细末后混合备用。

(3)创口涂敷药

方1 枣树皮(焙焦存性)2份,松香1份,共研细末,熟猪油7份,调成药膏。

方2 龙骨、金樱子各3份,研末,葱白15份,白糖10份,共捣成膏。

方3 枯矾2份,蒲公英3份,大黄4份,共同炒干研末,贴敷创口。

方4 松香3份,煤油17份,混合溶解后涂于新鲜创口一薄层。

方5 鲜小蓟10份,白矾1份,同捣烂外敷患部。

方6 干姜末1份,葱白3份,蜂蜜16份,共捣烂调成膏,敷于创口及肿胀部。

方7 月季花叶适量,捣烂敷患部。

方8 霜南瓜叶晒干研末敷伤部,或南瓜叶煅焦研末敷伤部,盖上纱布并包扎。

方9 生半夏适量,研细末敷伤处。

方10 鲜墨旱莲100克,洗净甩干水滴,捣烂取汁滴创口,或捣烂后敷患处。

2.感染创的治疗

方1 白鸡翻翎(即翅上大毛)适量,烧存性,研末,沸水调温内服。羊、猪1~2克,马、牛5~10克;另取末适量,用净蜂蜜调涂创伤处。治肿痛化脓,亦治皮肤瘙痒、过敏等病。

方2 鲜南瓜花30~40克,煎汁适量。羊、猪1次内服;另用南瓜花2份,苍耳叶1份捣烂涂于创伤部,每日1~2次。治化脓肿痛发热。

方3 老松香、生大黄各适量,共研末撒布创腔,撒前先以葱、花椒各适量煎汁洗净脓液,撒后纱布包扎,每日换1次。

方4 苍耳子1份,南瓜蒂3份,共同焙干研极细末。于创部洗净后撒布,每日1～2次。

方5 茄叶10份,白及7份,嫩苎麻叶15份,共同焙干研末。撒布创口;或鸡蛋清调敷患部,每日换药1次。治化脓肿痛发热。

方6 卷柏5份,柳树花7份,槐花3份,食盐1份,放锅中微火焙干,共研细末。撒布创口或麻油调敷患部,每日1次。治创伤未及时控制,发展成痈肿,胀痛溃烂流脓。

方7 露蜂房3份,蓼草(鸡大腿)2份,共同放锅中焙干研末。撒布创口或陈醋调敷患部。治痈疮肿毒。

方8 三颗针皮适量,煎汁洗净创部脓污;用七叶一枝花、天花粉等量研末,撒布创口,每日换药1次。

方9 苍耳叶适量,煎汁洗净创部脓污;再用苍耳叶、蓖麻叶等量捣烂敷患部,每日换药1～2次。

方10 大青叶、大蒜各适量,煎汁洗净脓污,再用油菜子末、鸡蛋清各适量调膏贴敷创伤部,每日换药1～2次。

方11 1%白矾水洗净脓污,再用新石灰面、鲜马齿苋各适量共捣成膏,贴敷患部,每日换药1次。

方12 辣椒粉、青盐末各适量,混匀。每日创腔用消毒水洗净后撒布1次。

方13 苦豆子100克,水2.5升,煎汁过滤,洗净创口;再用活泥鳅约500克,放入约800克砂糖中,搅拌,使滑腻液渗入糖中,泥鳅死后拣出,用此糖糊涂布创口,每日3～4次。

方14 鲜韭菜4份,鲜萝卜叶9份,蓖麻子仁7份,共捣烂成泥敷于创口,每日换药2次。治化脓创伤肿烂日久不愈。

方15 大黄2份,生葱3份,绿豆面4份,鸡蛋清适量,捣调成糊,敷于肿痛部,每日2～3次。用食醋煮沸晾凉,洗净创伤部。

方16 猪脂10份,炼油去渣,然后加入生姜(去皮切片)5份,武火炸5分钟左右,捞出姜片,再加入核桃仁4份,待核桃仁变色后捞出,将油趁热用4层干净纱布过滤到盛有炉甘石粉2.5份的白净瓷桶内,边滤边用竹棍搅拌,使油和炉甘石粉混匀,放冷。临用时涂布于创面。治新鲜创、化脓创、烫火伤等。

方17　绵白糖4份,樟脑粉2份,大黄1份。共研成粉末混匀,装入棕色广口瓶内,用作撒布剂。治新鲜创、化脓创等。

五、脓　肿

【病　因】　脓肿是组织或器官内有脓汁积聚于新形成的腔洞里的局限性炎症。病原体主要是葡萄球菌。注射时漏于皮下的氯化钙等也可引起脓肿。

【症　状】　初期患部触诊有坚实感,红、肿、热、痛比较明显,界限不清,以后逐渐局限化,进而从中央部开始软化,出现波动,穿刺检查有脓汁流出,渐渐皮肤变薄,患部被毛焦乱或脱落,最后自行破溃。

【治　疗】　可选用下列处方:

方1　苍耳子全草、紫花地丁各等量,煎汁去渣滤过,再以文武火熬成膏。猪、羊每次1～2茶匙,大畜10～15茶匙,混饲料中吃下;并适量外敷患部,每日1～2次。治脓肿初期肿硬疼痛,局部皮温增高。

方2　金银花150克,当归65克,蒲公英、玄参各35克,煎汁适量。大畜每日内分2次服完,每日1剂。治脓肿初期硬而无脓。

方3　胡麻子适量,捣泥外敷患部;同时,用紫花地丁150克,白菊花100克,煎汁适量,大畜1次内服。内、外用药均每日1次。治脓肿初期肿热疼痛不安。

方4　鲜马齿苋、鲜蒲公英各等量,捣烂贴于患部。治脓肿初期硬热疼痛。

方5　蓖麻子仁3份,苦杏仁5份,松香20份,共捣碎烂,加食油50份熬成糊状,候凉。涂于患部,每日2次。治小疖肿初期坚硬疼痛。

方6 葱白3份,白凤仙花1份,捣烂。敷患部,每日1～3次,局部红热显著时,加鸡蛋清适量。治疖肿坚硬尚未成脓。

方7 鲜柏树叶、大黄末、芒硝各等量,共同捣烂,加鸡蛋清适量调膏。贴患部,每日1～2次。治脓肿硬疼尚未成脓。

方8 蒲公英2份,天花粉3份,甘草1份,煎汁适量,每日内服1剂。羊、猪1剂为20克,马、牛1剂为100～120克。药渣加醋捣烂外敷。治脓肿初起肿痛。

方9 活地龙、红糖各等量,共捣如泥。敷患部,每日换药2次。治肿疖初起。

方10 黄柏、大黄、生石膏各等份,共研细末,用水豆腐拌成稀糊状,敷患部。治肿疖硬疼发热无脓。

方11 鲜野菊花或叶2份,马铃薯(去皮)3份,鲜生姜1份,共捣如泥。敷患部,每日换药1～2次。治疖肿坚硬疼痛。

方12 露蜂房10份,白蔹7份,苍耳子5份,共同焙干,加冰片2份,共研细末。蜂蜜调敷患部,中留排液孔,每日换药1～2次,敷药前先用1%盐开水晾凉洗净脓污。治脓肿已溃,去腐生新,促使收敛。

方13 鲜垂柳叶2份,大蒜1份,南瓜蒂(焙干研末)3份.共同捣烂,用熟猪油调膏。涂患部,留出排液孔,每日换药1～2次,涂药前先用花椒适量煎汁洗净脓污。治脓肿已溃,局部热痒,患畜瘙痒摩擦不安。

方14 白矾5份,雄黄3份,诃子(焙干)2份,蟾酥1份,共研细末,食醋调成膏,敷患部,留出排液孔,每日换药1～2次,换药前用花椒适量煎汁洗净脓污。治脓肿已溃,久不收敛。

方15 白及、白芷、紫花地丁、鳖甲各等份,焙干研末,麻油调敷患部,每日换药2次,换药前先用花椒适量煎汁洗净患部。治疖肿成脓未溃或已溃。

方16 鲜嫩丝瓜适量,捣烂敷未溃脓肿,每日2次,脓肿溃后不敛时,捣烂拧汁频涂疮腔。

六、蜂窝织炎(多头疽)

【病　因】 蜂窝织炎是由于皮下和肌间等处的疏松结缔组织,因感染链球菌等,所引起的弥漫性急剧进行性炎症。一般经皮肤创口感染,也可继发于脓肿或化脓创。

【症　状】 患畜发热,患部大面积肿胀,发热疼痛,并可蔓延扩大,肿胀部变坚实,皮肤紧张,无移动性,食欲不振,呼吸、脉搏加快,如治疗不及时,易化脓溃破或形成局部脓肿,严重恶化者易引起败血症。

【治　疗】 中西医结合治疗。中草药可选用下列处方:

方1　小麦、赤小豆各等量,焙干研末,食醋调成糊敷患部,干时即更换。如患部红热明显则用鸡蛋清、蜂蜜各适量调敷,治愈为度。用于多头疽未溃时。

方2　鲜红薯叶、大葱、白糖各适量,捣烂,贴敷患部,每3～4小时换1次,治愈为度。如发红蔓延显著时,则上药用鸡蛋清、蜂蜜各适量调涂。用于蜂窝织炎初期肿痛时。

方3　鲜狼毒2份,苍耳全草1份,熬膏外敷患部,脓出久不敛口者可涂入疮腔。

方4　土茯苓35克,白蒺藜10克,蝉蜕15克,全蝎5克。煎汁适量。羊、猪1次混饲,每日1～2剂,大畜用3倍量。患部用栀子(研末)5份、碱面1份、盐2份、鸡蛋清适量调敷,每日换2次,敷药前用食醋洗净患部。治蜂窝织炎初期肿痛发热。

方5　苍耳叶、柳树叶、大葱各适量煎汁洗净患部,再用棉籽仁2份、蜂房(焙干研末)3份、枯矾1份,共捣烂掺匀,熟猪油适量调膏涂敷患部,纱布包扎,每日1～2次,治愈为度。用于蜂窝织炎已经溃烂。

方6　金银花75克,土茯苓120克,桑白皮60克,甘草45克,煎汁,大畜1次灌服;再用活泥鳅、红糖各适量,搅拌至泥鳅死,共捣成糊状敷于患部,内服、外敷每日各1～2次,连用5天。治蜂窝织炎未溃或已溃。

方7　鲜柏树叶适量煎汁,洗净脓污;再用蛇蜕(焙干研末)3份,百草霜1份,菜油调涂患部。治蜂窝织炎破溃脓水不干。

方8　鲜茄子蒂400克,何首乌300克,煎汁适量。大畜1次灌服;再用茄子蒂焙干研末醋调,敷于患部。治多头疽未溃或已溃。

方9　桃树嫩叶、鲜马齿苋各适量,蚯蚓(焙干研末)适量,共同捣烂。敷于患部。治蜂窝织炎肿痛硬热。

方10　鲜红薯叶、鲜金樱子叶、青烟叶各适量捣碎敷患部,并用马齿苋500克煎汁,大畜1次内服。治蜂窝织炎肿痛。

方11　白胡椒适量,研极细末,患部肿硬初起时以蜂蜜调涂,每日1换;已溃即用白胡椒末撒入,每日2～3次;再用金银花150克,当归、玄参、蒲公英各50克,生黄芪60克,煎汁适量,大畜1次内服。

方12　龙葵叶、葱白、荞麦面(炒黄)各适量,加适量冷开水捣为泥。敷于患部,每日换药1～2次,敷药前用白矾、黄芩各适量,煎汁洗净患部。治多头疽肿痛发热。

方13　蓖麻子150克,蒲公英100克,煎汁适量。大畜1次内服;再用鲜蓖麻叶2份;葱白1份,蜂蜜适量,捣膏涂患部,每日内服、外涂各1～2次。治蜂窝织炎漫肿无边。

方14　雄黄2份,黄柏20份,冰片1份,共为末,用食醋或酒精调敷患部。

七、鞍　伤

【病　因】　鞍伤是鞍挽具对畜体的过度压迫、摩擦引起的各种损伤。主要是役畜缺乏锻炼,鞍挽具不适合,汗屉不洁或过硬,不按要领备鞍或套车,跛行役畜继续使役等。

【症　状】　轻者表皮脱落,有微黄色透明的渗出液。重者脊背红、肿、热、痛,触之敏感,有的皮肤表面无明显创伤,但皮下已经感染化脓,抗拒装鞍,有的溃破、流脓,如果治疗不及时或不当,易形成鬐甲部蜂窝织炎或鬐甲瘘。

【治　疗】　最好中西医结合治疗。中草药治疗可选用下列处方:

方1　荆芥、防风、薄荷、花椒、葱须、艾叶各等份,煎汁候温,洗患部;洗后用鸡蛋清、枯矾末各适量调膏,敷于肿胀部,每日2～3次。治鞍伤肿胀。

方2　花椒3份,葱白5份,煎汁,候温,洗拭患部;洗净后再用新鲜石灰面1份,马铃薯(切碎)2份,食醋适量,捣泥敷于患部,每日2次。治鞍伤肿痛,局部皮肤破损。

方3　鲜柳树叶、葱叶各适量,煎汁,候温,洗患部;然后用鲜马齿苋2份,石灰面1份,捣泥贴于伤部,纱布包扎,每日1次,待坏死组织脱尽后,则贴药换为枯矾、煅龙骨各等份,研细末撒布创面。治鞍伤坏死。

方4　蒜瓣、葱须、艾叶、花椒(焙)各3份,白矾2份,研为细末,食醋调敷于患部,每日洗后敷1～2次。治鞍伤初期肿痛或皮破。

方5　向日葵鲜花100～200克,煎汁适量,加白酒适量,大畜1次内服;再用赤小豆1份,鲜柳树叶5份,白矾2份,捣泥敷患部,每日洗、敷各1～2次。治鞍伤流水。

方6　椿树叶煎汁,温洗患部;再用黏土100份,食盐3份,水、食醋各适量,捣糊涂于患部,每日洗、涂各2次。治鞍伤肿热。

方7　大黄末3份,石灰1份,水调成糊敷于创面厚0.5厘米左右,新鲜创面和肉芽创面隔2～3天换药1次,严重化脓创面隔1～2天换药1次。

方8 猪苦胆数个,装入适量石灰与胆汁混合,阴干后研末。撒布创面或瘘管,每日1~2次。治鞍伤化脓或形成瘘管。

方9 温饱和盐水浸湿毛巾揉摩肿胀部1小时许;再用鸡蛋清涂一厚层。治鞍伤肿痛初期。

方10 马勃粉适量,先用温盐水洗净伤口再撒布患处。治鲜鞍伤渗出血水。

方11 鲜龙葵枝叶250克煎汁适量,候温,洗拭创伤20分钟;再用蜂房(焙干)10份,白矾8份,马勃(焙干去皮)5份,雄黄2份,冰片1份,共研细末,蜂蜜调敷患部,每日洗、敷各1次。治鞍伤肿烂流血脓或成瘘。

方12 荞麦面8份,白矾(研末)10份,浓茶调敷患部,发热显著时加大黄末、栀子末各1份。治鞍伤发炎肿胀。

方13 马鬃毛烧灰用豆油调敷患部。治鞍伤渗出血水。

方14 棉花蘸酒或酒精敷于肿胀部。治鞍伤初期肿胀。

方15 委陵菜(别名翻白菜、龙芽草)300~400克,煎汁适量,一半给大畜内服,一半温洗患部;再用槐花焙干研末,蜂蜜调敷患部,每日1次。治鞍伤肿胀破烂流血水,患部发热。

方16 鲜马齿苋2份捣泥,与陈石灰1份混合,摊于白布上,覆盖于患部,药布边缘用浆糊严密贴于皮肤上。待1夜后去掉药布,坏死组织常可随药布一起拔脱,如1次腐肉未尽,可再贴1次。

方17 瓦松5份,蔗糖(红糖)2份,共捣成泥状,贴敷于鞍伤患部。

方18 食盐2份,黏土(红胶土)5份。共研细末混匀,沸水浸泡呈泥浆,候温涂抹患部。

方19 大黄250克,加水2碗,煮10余沸,再掺入石灰粉500克,搅匀炒干,去大黄,研成细粉,过筛。患部清创后撒布,每日1次,连用3~5次。

方20 侧柏叶或香樟叶微火炒干,研成细粉敷于患处。

方 21　辣椒面薄薄地敷在伤口上。3 天换药 1 次，一般换药
2 次可痊愈。

方 22　松针、侧柏叶、棕树叶各等份，各炒焦成炭，再加冰片
少量，共为细末，撒布患处。

方 23　龟板（醋炙）研细末，撒布患处。

八、瘘　管

【病　因】　瘘管是深部组织、器官或解剖腔与外界相通而不
易自愈的病理性管道。在临床上分化脓性的、分泌性的、排泄性
的，后两种在临床上不常见。化脓性的多因脓肿破溃后，留有坏死
组织和脓肿膜，或深部组织有异物，如刺、缝线等。

【症　状】　特征是体表出现管口，并不断排出分泌物，管口下
方皮肤及被毛上常附有大量分泌物，甚至因此引起皮肤炎。化脓
性瘘管管口凹陷，通道狭窄，瘘管管壁光滑、坚硬，不断从管口流出
脓液。

【治　疗】　除去坏死组织与异物，通畅排液，控制感染，增强
机体抵抗力。中草药治疗，可选用下列处方：

方 1　用棉球蘸白砒粉塞入瘘管。

方 2　白鲜皮粉适量，填塞瘘管腔。

方 3　雄黄 2 份，枯矾 1 份，共研细末，填塞瘘管腔；或枯矾 2
份，樟丹 1 份，研末填塞亦可。

方 4　以锐匙搔刮破坏瘘管壁，渗出鲜血后随即注入鸡血（或
鸡血糖浆），每日 1 次。

方 5　用 0.2％高锰酸钾液洗涤瘘管，棉花揩干，撒入卤碱粉
适量，每日 1 次，连治 5 日。

方 6　紫皮蒜汁 2 毫升，鱼肝油 98 毫升，普鲁卡因液数滴，混
合均匀，以纱布条蘸药填入瘘管，每日 1 次，连治 3 日。

方 7　紫皮蒜汁 1 份，加蓖麻油 9 份，纱布条蘸汁填入瘘管，

1～2日更换1次。

方8　蟾蜍1个,由口腔填入肚内白矾6克,蘸泥包裹放炭火上焙干,去泥,将蟾蜍研末,填塞瘘管。

方9　苦苦菜4份,芒硝1份,煎汁冲洗瘘管;再用蒜薹(焙干)10份,冰片1份,共研细末,填入瘘管适量,每日1次,连用8天。

方10　芒硝1份,连须葱白2份,马齿苋3份,煎汁适量冲洗瘘管;再用黄蜡适量熔化,加入等量枯矾末,和成药条填入瘘管,待瘘管化脓流出后,将药条换为一般消炎生肌药膏,填入瘘管,每日1次。

方11　花椒、艾叶、蒜瓣子、嫩槐枝各等份,煎汁冲洗瘘管;再用芒硝4份,轻粉2份,朱砂1份,分别研末,混合后填入瘘管,每日更换1次。

方12　松针4份,苏叶3份,蒺藜秧6份,煎汁冲洗瘘管,再用红粉9份,轻粉6份,朱砂3份,冰片1份,枯矾8份,共研细末,用湿纱布条蘸药末适量填入瘘管,每日换药1次。治厚壁瘘管。

方13　蜣螂2份,生姜1份,马齿苋10份,煎汁适量冲洗瘘管,再用煮熟的鸡蛋黄多个,炒炼出油,加入油量1/10的冰片末,混匀后滴入瘘管,或用纱布条蘸此油填入亦可,每日换药1～2次。治薄壁瘘管。

方14　密陀僧、石决明、铜绿及樟丹各等份,研为细末,填塞或注入瘘管中。

方15　巴豆仁、碱面各20克,雄黄4克,捣和后捻成小条状,塞入瘘管中,24小时后,由于瘘管周围组织坏死,用镊子常可将瘘管壁全部拔出。

方16　生石灰500克,研成细粉过筛,加入红糖250克拌匀。填入瘘管,5天换药1次。

方17　生地黄10克,包入白矾3克,放火内煨成焦炭样,取出研末后用小纱布条卷入炭末填塞瘘管内,3 天换药 1 次。

方 18 陈鸡油 100 克(将鸡油装入玻璃瓶中加盖,置室外日晒夜露,至全部液化即成,3 年以上者为佳品)滴入瘘管中,连用几次。

方 19 麻雀粪适量,洗净脓汁后塞入瘘管内,3 天 1 次,共用 3 次。

方 20 大枣 1 个去核后塞入白矾适量,放火炭内煨成焦黑色,取出研细,用少许做成药捻,塞入瘘管内。

方 21 牛皮胶(或阿胶)50～100 克,研成细末,按常规清洗瘘管后放入瘘管,塞满为止,用胶布封严,2 天后取掉胶布。

方 22 壁虎(干品或鲜品)若干条,用镊子夹取壁虎尾先将尾尖放入瘘管内,慢慢向里推送,直到填满管腔为止,1 条不够可用多条,经 7～14 天无效者可再次用药。

方 23 活毒蛇 1 条(长约 1 米),苏子油 1 升,同装入玻璃瓶中,密封瓶口,埋入马粪中数月。使蛇溶化于油中即可。用时将蛇油滴入瘘管中。

方 24 鲜辣椒捣烂取汁,用以洗净管内积脓.再用蜂蜜填满瘘管,外包纱布保护,连用 2～3 次。

方 25 火硝(别名硝石,主含硝酸钾)8 份,白矾 8 份,水银 10 份,冰片 2 份。先将白矾、火硝研末充分混合,放入新铁锅内,药面上捅出几十个小洞(不要接触到锅底),然后把水银放进孔洞。锅上用瓷碗盖住,周围用浸湿的细布条塞紧,再用盐水和泥密封碗口,放在文火上加热,半小时后,再用中火烧 1 小时。炼药时在碗底上放一块棉花,并用铁片压住,加热火候以见棉花发黄为止。待冷却后,刮取碗内红药,与冰片共研为末。治疗时,洗净疮面,将小豆粒大小的炼制药粉撒在疮内,隔日 1 次,一般 3 次即可治愈。

九、火器伤

【病因】 火器伤主要是指枪弹伤和弹片伤。特点是组织损伤范围广，感染重剧。由于火器伤的范围远超过肉眼所见，所以在检查或处理时，不能只根据残留伤道的大小来判断伤情，还应考虑弹丸、弹片致伤时的冲击作用所造成伤道组织的情况。

【症状】 枪弹伤由于枪弹外形规整，与组织的接触点小而穿透力大，多呈贯通创；其入口较出口小。弹片伤由于弹片大小不等，外形不规则，对组织损伤严重，容易感染，穿透力小，多形成盲管伤。

【治疗】 因病情急剧，应中西结合治疗。经常规外科处理后，中草药治疗可选用下列处方：

方1 蓖麻子仁捣烂贴伤处1昼夜，弹片可随揭去药时拔出，然后再用蓖麻叶捣烂敷伤口上，中留小孔，可去腐生肌。

方2 蜣螂(焙干)、高良姜各适量，共研末敷患部。

方3 蜣螂4只，蝼蛄7只，蓖麻仁30克，益母草60克，松子油30毫升，共同捣烂，麻油调敷患部。

方4 没药、白蜡各等份，先用净布条在伤口中摩擦出血，将两药熔合成蜡捻子，插入伤口至底部，如是穿透伤，则药捻子两端都要露出。治火器伤变黑。

方5 金银花5份，连翘3份，黄芩2份，甘草1份，煎汁适量，候温冲洗创面。防治火器伤感染。

方6 大黄5份，地榆4份，黄连3份，冰片1份，共研细末，麻油调敷患部。初期防治感染。

方7 杨树叶、槐叶、柳叶各等份，加水浓煎去渣，再慢火熬成膏，涂患部。防治感染化脓。

方8 荞麦面2份，石灰粉1份，土豆(去皮切碎)5份，加凉开水捣成糊，涂于创部，每日1次。涂药前先用紫花地丁、蒲公英各适量煎汁洗净患部。治火器伤感染化脓,腐肉不脱。

方9 鲜苍耳全草、鲜紫花地丁、鲜菊花叶各等量,水煎去渣,再以文武火熬成膏。大畜每次内服100克,另取适量涂敷受伤部。每日1～3次。治火器伤肿烂热疼。

方10 鲜长虫草(别名蚰蜒草,即菊科植物薯草全草,宁夏固原及贺兰山都有分布)300～400克,煎汁适量。大畜内服一半,另一半冲洗伤部;再用阿胶(研末)1份,红糖2份,混合填入创腔。治火器伤腐肉已脱,迟不愈合。

方11 狼毒100克,加水2升,煎汁500～700毫升,候温冲洗创腔,洗净擦干后,用精制樟脑3份,白糖4份,大黄末1份共研细末,填入创腔。治感染创脓稀恶臭,色污灰,伤口不敛。

十、烧 伤

【病 因】 烧伤是因为高温或化学物质作用于畜体所造成的一种组织损伤。前者为温热性烧伤,后者称为化学性烧伤。

【症 状】 烧伤包括由于高温或化学物质作用于畜体而造成的损伤,分为3度:Ⅰ度烧伤:被毛烧焦,表皮损伤,局部充血肿胀,疼痛轻微;Ⅱ度烧伤:表皮层或真皮层的部分或大部分被损伤,患部皮肤形成焦痂,有的部位可出现裂口,局部肿胀,疼痛明显;Ⅲ度烧伤:皮肤全层破裂,甚至损伤到皮下或更深层组织,皮肤形成焦痂,焦痂部无热无痛,伤部周围有明显带痛性水肿。

全身变化决定于烧伤的面积、深度、部位和机体的健康情况。一般小面积Ⅰ、Ⅱ度烧伤,无明显的全身变化。面积较大的重度烧伤常因剧烈疼痛使病畜出现休克,或由于肾脏功能障碍而出现少尿、无尿或血尿。严重者甚至出现酸中毒和败血症。

【治 疗】 最好中西医结合治疗。在中草药方面,现提供下列处方,供选用。

方1 绿豆0.5～1千克,甘草120～250克,煎汤,大畜内服,再用鸡蛋清适量,加冰片末少许调敷患部,每日 2 次。用于Ⅰ、Ⅱ度烧伤。

方 2　蜂蜡 30 克,豆油 270 毫升,熬膏外敷。每日 1～3 次。用于Ⅰ度烧伤。

方 3　老榆树皮烧炭存性研末,有渗出液或化脓时,撒布创面;无渗出液时,用麻油调糊敷患部。治Ⅰ度烧伤。

方 4　大黄 20 份,地榆 15 份,紫草 5 份,冰片 2 份,共研末,麻油烧沸后调成稀膏,每日涂患部 2～3 次。治Ⅱ度烧伤。

方 5　青黛 30 克,滑石 35 克,冰片 3 免,共研细末,清创后用麻油调敷患处。每日 2～3 次。治烧伤糜烂或化脓。

方 6　米醋擦洗患处,可止痛不起疱;然后用洗衣肥皂与沸水磨汁,冷涂患部,每日数次。治轻度温热性烧烫伤。

方 7　活冬瓜茎或活南瓜茎切断,收集液汁涂患部。每日数次。治Ⅱ度温热性烫伤。

方 8　紫草膏:紫草、当归、白芷、忍冬藤各 30 克,植物油 500克,油加热至 130℃左右放入上药,继续加热至 150℃半小时,至白芷呈黄色时用纱布过滤去渣,加入白蜡 21 克熔化,候温,加入冰片末适量调成膏。用于清理过的烧伤面涂敷。

方 9　丝瓜络烧灰存性,麻油调敷患部,每日 1～3 次。治轻度温热性烧烫伤。

方 10　南瓜捣烂敷患部,每日数次。治轻度烧烫伤。

方 11　生石灰块加 3 倍量的净水搅溶,去上层白浮灰,用中间澄清液,徐徐注入等量的食油中,加鸡蛋清适量调匀,时时涂敷患部。治温热性Ⅱ度烧烫伤。

方 12　白及 3 份,黄柏 4 份,细辛 1 份,共研细末,再用蜂蜡、麻油各适量加热混合,和药末调膏,每日涂于患部 2～3 次。治烧伤面热疼溃烂。

方 13　苍耳子(焙黄)10 份,槐角(烧炭存性)5 份,冰片 1 份,共研细末,麻油调涂伤面,每日 2～3 次。治Ⅲ度烧伤面化脓。

方 14 松针、柏树叶各适量,捣汁加等量麻油,调敷患部。治烧烫伤起疱破溃。

方 15 冬桑叶、桑树皮各适量焙干研末,麻油拭涂患部,每日 2 次。治烧伤渗出。

方 16 鲜地骨皮焙黄研末,麻油涮涂患部,每日 1～2 次,连用 7 天。治烧烫伤疼痛或破皮流水。

方 17 松树皮焙焦研末,鸡蛋清调涂患部。每日 2 次。治烧烫伤起疱溃烂。

方 18 酸枣树根适量切碎,水煎成膏,每日 2 次涂患部;或烧炭存性研末,麻油调涂患部。治烧烫伤流血水疼痛。

方 19 黑猪蹄壳、猪毛各适量(烧炭存性),共研细末,麻油调涂患部,每日数次。治烧伤发热疼痛或溃烂。

方 20 用食油炸蟾蜍数只至焦黄离火,捡去蟾蜍,用油冷涂患部,每日 2～3 次。治烧伤肿痛或破溃久不愈合。

方 21 活蝎子 35～40 个浸泡入 500 毫升麻油中,12 小时后开始用此油涂敷伤面,有水疱者将疱剪破再涂,每日 3 次。可促使止疼结痂,治烧伤破烂或有水疱。

方 22 将鸡骨在火上煅至内外通白,研末,香油调敷患部,每日 2～3 次。防治烧伤化脓或溃烂,使创口结痂快,少生瘢痕。

方 23 松花粉、鸭毛炒焦存性研末,用糯米汤调敷患部。治烧烫伤肿痛。

方 24 天花粉 30 份,蚌壳 20 份,冰片 3 份,共研末,熟猪油调涂患部。治烫伤肿烂。

方 25 生百合捣烂敷患部。治烫伤红肿。

方 26 泡过的各种茶叶,煎浓汁涂患部。治烫伤起疱流水。

方 27 荷叶烧炭存性研末,用麻油调涂患部数次。防治烫伤渗出和溃烂。

方28　鲜柳叶、鲜杨树皮焙干研末,麻油调敷患部,连用多次。治烧烫伤。

方29　蜂窝数个,内装芝麻适量,焙黄共研细末,麻油调涂患部。治烫伤溃烂化脓。局部热重时用蜂蜜调涂。

方30　麻黄研末,取熟鸡蛋黄适量炒出油,调涂患部。治烫伤破皮疼痛。

方31　臭椿树皮烧炭存性研末,用麻油调敷患部。治大面积烧伤肿痛或破皮。

方32　大草鱼胆汁用麻油调敷患部,每日数次。

方33　活地龙放凉开水中洗净后放入白糖中化成汁,取汁敷患部,每日数次。治烧伤发热肿痛和溃烂。

方34　陈石灰1.5千克,冰片60克,共研细末过筛后,再用鲜地龙30条捣拌,加入菜油500毫升调匀,涂敷患部,每日1次,连用2～3次。

方35　地榆6份炒焦至黑色时与黄连4份共为细末,加入冰片1份,调入猪胆汁16份内,装瓶备用。用时用鸡毛蘸药擦患部,每隔2小时1次,3～4日可治愈。

方36　黄柏、地榆、紫草各20克,共为细末,过罗,狗油200克放锅内熔化后加入药粉,充分搅拌,候温密闭保存备用。清理烧伤面后涂患处。每日1次。

方37　用生石灰500克加水2升浸泡、搅拌、澄清后,取中间清水,以2份清水加入大黄末、麻油各1份调成稀糊状,涂患处。

方38　黄连、黄芩、黄柏各3份,冰片1份,共为细末,加菜油调成糊状,外敷患部。

方39　轻粉1份,寒水石(别名凝水石、泥精、盐根。为硫酸盐类、矿物芒硝的晶体)、白矾各2份,共研细面拌匀,以凡士林混合成膏,涂抹患处。

方40　白蜡树嫩枝叶25份烘干,与冰片1份混合研成粉末过筛。在患部涂上菜油后,撒布药粉,日撒 2 次。过 2～3 日用浓茶将药粉洗干净,再以上法撒上药粉,1 周即愈。

方 41 榆白皮研细末,过罗,再用酒精浸泡(酒精量超出药面 2～3 厘米)24 小时,滤过。滤液喷洒创面,只喷 2 次,7 日痊愈。如伤面已结痂,可用下列处方:焦地榆 10 克,焦黄柏 6 克,黄连炭 3 克,冰片少许,共为细末,过罗,麻油调之,涂于创面。

方 42 小蓟花用沙锅炒至炭化,研为细末,撒布创面。创面结痂难以脱落时,用熟菜油调上述药粉成膏,以鸡毛蘸药膏涂抹,帮助脱痂。

方 43 地榆炭、大黄、白蔹各等份,冰片少许,共为细末,麻油调为糊状,涂于患处。

方 44 黄柏皮、榆白皮各 200 克,用 75％酒精 500 毫升浸泡 48 小时,去渣以药液喷洒创面。每日 1～3 次,连用 3～5 天。

方 45 糯米 30 克烧至炭化,研末过细筛;熟鸡蛋黄 5 个,置锅内加温加压,取出"蛋黄油"。两者混合成油膏。创面有水疱时针刺破后单用糯米粉撒布;伤面结痂干燥的用油膏涂敷。每日 1～2 次,直到痊愈。

方 46 地榆炭 5 份,冰片 1 份,研细面,用麻油 10 份调成糊状,涂于患处。

方 47 桃树皮(砸碎)8 份,大黄(研细)3 份,混合后加沸水 10 份调匀。每日擦患处 2 次,连用 2 天。

十一、关节扭挫

【病 因】 关节扭伤及挫伤是常见病,二者可单独发生,也可同时发生。关节扭伤是在滑走、踏空、扭转等间接外力作用下,引起关节韧带和关节组织的非开放性损伤,一般伤及软组织,严重的可损伤关节软骨和骨端。多发于四肢下端的球、腕、跗关节。

【症 状】 轻度关节扭挫,出现轻度支跛,呈后方短步。站立时,患肢屈曲,蹄尖着地负重,局部热痛肿胀。重度关节扭挫,站立时以蹄尖接地,不能负重,患部热痛更显著;运动时出现中度或重度跛行,被动运动,疼痛反应很明显。

【治　疗】　如有皮肤损伤,首先包扎压迫绷带止血。在伤后1～2天内施行冷敷。急性炎症缓和后,患部施行温敷,同时应用镇痛消炎药物。中草药治疗可选用下列处方:

方1　醋10份,白矾1份,水适量,混合。冷敷患部,每日数次,每次15分钟。治关节扭挫伤初期急性炎症。

方2　浓盐水伤部冷敷10～15分钟,每日3次。治关节扭伤急性炎症期。

方3　大蒜、黄泥各等量,加酒捣成稀糊。敷患部,用绷带固定,每日1次。

方4　韭菜捣泥敷患部,每日1次。

方5　鲜松针或侧柏叶120克,小青蛙3～5只,共捣烂加白酒65毫升,放沙锅内隔水炖熟。涂敷患部,每日1次,连用5天。

方6　生姜、葱白各6份,食醋75份,同煎去渣,加入绿豆粉25份调糊,贴患部用纱布包扎。治初期关节扭伤。

方7　患部用布包裹,以食醋浇湿,再用烙铁在湿布上熨烙,边熨烙边浇醋,1次烙数分钟。治关节扭挫伤日久不愈。

方8　红花35克,茜草根40克,土鳖虫15克,煎汁适量,加酒40毫升。大畜1次内服。治关节扭挫日久,肿胀疼痛。

方9　栀子(酒炒研末)3份,大葱(捣泥)1份,面粉适量,水调成糊敷患部。

方10　马齿苋、食盐、鸡蛋清各适量,捣烂成糊,敷患部。

方11　青嫩松球20个,秦艽50克,辣蓼(别名蓼子草、西药草、蓼蓼花、罗官姆)150克,共同切细捣烂,煎汁适量。大畜每日1次灌服,药渣醋炒熨患部,每次熨20分钟。治疗关节扭挫疼痛日久。

方12　生卷柏40克，土鳖虫20克，松香35克，共研细末，沸水冲调。大畜每日1剂，连服10天。治关节挫伤日久。

方13　萹蓄90克，鲜凤仙花100克。泽兰95克，共切碎捣烂用沸水冲调，加酒60毫升。大畜1次内服。

方14　旋覆花根3份，鲜车前草2份，鲜骨碎补（别名毛姜、申姜、华槲蕨）1份，共捣泥加酒适量。贴患部，每日2次。

方15　松叶尾尖5份，凤仙花叶3份，茜草1份，加酒适量，捣泥。敷患部，每日1～2次。

方16　酸浆实（别名天灯笼、水辣子、挂金灯）2份，凤仙透骨草（别名植物凤仙花的干燥茎）1份，蜂蜜适量，共捣泥。敷患部，每日1次。治关节扭伤瘀血疼痛。

方17　生葱头1份，蓖麻子2份，共捣泥。敷患部，每日早、晚各1次，敷药前先用生姜适量煎汁，候温，洗净患部。治关节挫伤日久，局部坚硬疼痛，活动不灵。

方18　豆腐10份，鲜月季花叶5份（干的2份），食盐2份，红糖3份，共捣成膏。敷患部，每日1次。治关节挫伤红肿扭疼。

方19　黄土16份，食盐1份，食醋4份，净凉水适量，捣泥。涂患部。治球关节扭伤肿痛。

方20　栀子3份研末，用75％酒精适量浸泡3～4小时，加温至40℃～60℃，滤出酒精装瓶再用，加大葱（切碎）1份，面粉适量，调成泥状。涂于患部一厚层，塑料布包严，3日换药1次。治挫伤肿痛局部增温。

方21　酒糟10份，食盐1份，混合晒干研末，童便调敷患部，每日1次。治球关节或别处筋骨扭挫，慢性疼痛。

方22　干辣蓼适量研末，童便调敷肿痛部，干即换。治关节扭挫伤肿痛，局部增温。

方23　蟾蜍、生石灰各适量，共同捣烂后晒干研末，童便调敷患部，每日换药1次，绷带包扎。治关节扭挫伤日久，发生软肿（浆液性关节炎）。

方24 人尿溶解生石灰后取澄清液烧沸，趁温洗患部，每次20分钟，每日2次，洗后用绷带扎紧。治关节软肿。

方25 鸽子粪淋食醋拌炒至醋味渗透变干研末，用白酒调膏敷患部，每日2次，敷药后绷带包扎。治关节软肿日久。

方26 燕窝泥带粪研末，用醋调膏敷患部，外用绷带包扎，每日早、晚各1次。治初期关节软肿。

方27 鲜童便500毫升，加热，放入白糖200克。大畜1次内服，中、小畜酌减。

方28 辣蓼、生姜、葱头各适量，加酒捣烂敷擦患部。

十二、骨 折

【病 因】 机体在暴力作用下，骨骼出现断裂、碎，称骨折。原因主要有跌倒、蹴踢、冲撞等。患骨软症或缺乏锻炼的家畜易发生。

【症 状】 骨折发生后剧烈疼痛，肌肉颤抖、出汗，局部变形，病畜患肢悬垂站立，运动以三肢跳跃。在完全骨折时，骨折两断端常重叠、分离、旋转、形成角度或向侧方移位，可出现异常活动和摩擦音。局部肿胀明显。开放性骨折，除上述变化外，还可见皮肤创伤、出血及突出的骨茬。

【治 疗】 按常规整复、固定，配合镇疼、消炎、止血和促使功能恢复。中草药治疗，可选用下列处方：

方1 红花65克，黄瓜子160克，煅自然铜30克，共研末，沸水冲调，候温。大畜1次灌服，前3日每日1次，以后隔日1次。镇疼加延胡索，前肢加桂枝，后肢加牛膝，妊娠母畜加川续断，开放性骨折加龙骨和牡蛎。

方2 黄蜡30克，熔化摊于布上，垫上油纸，再将研成细末的没药15克、乳香15克、血竭9克，均匀撒上，趁黄蜡未凝固时贴在患部,外用一层绷带扎紧。

方3　白及4份,乳香、没药各1份,共研细末,用热醋调成糊状,趁热涂骨折部,包括每端皮肤各5～7厘米处,外用绷带包扎,以后每日浇温醋3～4次。

方4　骨碎补(研末)60克,生螃蟹250克,共捣碎烂,加黄酒150毫升,沸水冲调,大畜1次内服。同时,用水辣蓼全草、白凤仙花全草各适量,加熟猪油捣膏敷患部。每日内服、外敷各1次。

方5　蜗牛(焙黄)120克,螃蟹壳(焙黄)150克,补骨脂60克,共捣碎烂,沸水冲调,加黄酒100毫升。大畜1次内服。治新鲜骨折。

方6　煅自然铜45克,土鳖虫35克,续断65克,共研细末,沸水冲调,加酒100毫升。大畜1次内服,同时用牡蛎粉与糯米粉调敷伤处,小夹板固定。治新鲜骨折瘀血肿痛。

方7　生牛骨烧灰150克,血竭40克,冰片5克,韭菜子100克,共研细末,沸水冲调,候温,加鸡蛋7个(用蛋清),黄酒100毫升。大畜1次内服,同时整复骨折断端,用益母草和红酒糟捣烂敷患部,小夹板固定。

方8　牛角末、血余炭各20克,共研细末,先用食醋3升熬至0.5升,加入红谷子小米面500克熬成粥,再放入上述药末搅匀,至棍挑有丝即成。骨折整复后白布摊药敷伤处,小夹板固定,2～3日更换1次。

方9　牛骨(煅黄)3份,杨树皮、榆树皮各4份,花椒1份,共研细末,加面粉、白酒各适量,调膏。热敷伤部,每日1次。治新鲜单纯骨裂。

方10　土鳖虫、五加皮、全蝎各适量,共研细末,加鸡蛋清和水调膏,白布摊药敷伤处,7日换药1次。治轻度骨裂。

方11　当归60克,土鳖虫25克,白及40克,骨碎补75克,煅自然铜30克,共研末,沸水冲调。大畜每日1次内服,连服5天,以后隔日1剂。同时，整复骨折固定，再用生南星、生半夏、生草乌、樟脑各适量，共研细末，加1/3白糖和适量白酒调和贴于患部，隔7天换药1次。

方12　甜瓜子、生油菜籽、榆树白皮、麻油各适量，共捣如泥。贴患部，2日换药1次。治新鲜单纯骨裂。

方13　大黄末5份，新鲜石灰粉4份，共同放锅内炒红，加糯稻草灰2份，熟猪油调敷伤部，敷药后夹板固定，同时用骨碎补75克，土鳖虫25克，研末，沸水冲，晾凉灌服，每日1～2次。治大畜非开放性骨折或骨裂。

方14　取松树根内皮（二层皮）晒干，研成细末，水调成膏，于骨折复位后外敷伤部，夹板固定。

方15　活青蛙（绿背，中央有一红线者）捣碎，沸水冲调，灌服，猪、羊每次2只，马、牛8～12只。

十三、裂　蹄

【病　因】　裂蹄多由于不正确的整蹄和装蹄，蹄形不正，蹄质不良以及遭受打击和在坚硬的土地上使役，长期受到震动，蹄冠炎的蔓延等原因引起。

【症　状】　马蹄壁呈现裂缝。有纵裂和横裂2种，裂蹄伤及深部时出现跛行。新发生的裂蹄有时有血液溢出，陈旧裂蹄有时从裂口分泌脓液。

【治　疗】　中草药治疗可选用下列处方：

方1　鹅脂肪适量，涂蹄部一薄层，每日2～3次；同时隔日1次给马口服鹅（或鸡）脂肪40～60克，连服10次。

方2　食油煮沸后加2％白矾，用棉花蘸此油液涂于裂缝及其周围蹄壁，每日1次。

方3　马铃薯（红皮最好）蒸熟去皮捣烂成泥状，敷于清洗干净的蹄裂处，装上蹄绷带，7～10日更换1次，待新生角质长至蹄底即愈。

方 4　五倍子研末,猪油调敷患处,每日 1 次。

方 5　桑树皮、榆树皮各 3 份,车前子(纱布包)4 份,白及 2 份,煎汁去渣,熬至棍挑有丝时离火,加入等量的熟猪油,调匀成膏,每次涂蹄壳上一薄层。每日 2～3 次,连涂 20 日。治蹄裂不敢负重。

方 6　猪油煮沸后加雄黄、血竭适量,修整裂蹄后,用棉花蘸取上述猪油滴入裂口内,滴满为止,3 日 1 次。治蹄裂疼痛,蹄壁发热。

方 7　用熔化的黄蜡趁热灌注裂缝,然后缠鱼石脂绷带。隔 5～8 日灌蜡 1 次。

十四、蹄叉腐烂(漏蹄)

【病　因】　蹄叉腐烂指马、骡蹄叉角质腐烂分解的病。厩舍不洁、蹄叉过削、蹄踵过高及运动不足等,均可发生本病。

【症　状】　患蹄发热,行走时不敢着地,呈严重支跛。本病有湿漏和干漏 2 种。湿漏蹄叉有大小不同的裂缝,充满湿性腐烂物质,或流出黑而臭的脓汁。干漏蹄叉干枯,有腐烂碎渣。

【治　疗】　应先清除腐烂的角质、脓液等污物。经消毒后,用绷带包扎。治愈后装革底或铁板蹄铁。中草药治疗可选用下列处方:

方 1　雄黄、枯矾等量研末撒布、包扎,1～3 日换药 1 次。治蹄叉腐烂初期轻症。

方 2　豆油烧沸涂抹患部,再用枯矾、雄黄、血竭各等量研末撒布、包扎,3～5 日换药 1 次。治蹄叉腐烂分泌物多。

方 3　白酒洗涤后,用雄黄、枯矾各 3 份,血余炭 1 份,研末撒布,黄蜡封闭患部,包扎,3～5 日换药 1 次。治蹄叉腐烂,蹄温增高。

方 4　沥青、黄蜡、血余炭各等份,共熬成膏,加入冰片末适量调匀,填塞患部并包扎,5～7日换药1次。治蹄叉腐烂成洞。

方 5　大蒜泥100克,葱泥80克,生半夏(研末)60克,生大黄(研末)40克,加熟猪油适量,调成膏敷患部,每日1次,敷药前先用消毒水洗净。治蹄叉腐烂流水痒痛。

方 6　花椒30克,柏树叶100克,煎汁3升,洗净患蹄;再用枯矾、没药、五倍子各等份研末撒布腐烂面,2日换药1次。治蹄叉腐烂流臭脓。

方 7　松、柏叶煎汁洗净患部后,用百草霜3份,黄柏2份,硼砂1份,共研细末撒布患部,每日1次。治蹄叉腐烂流臭水。

方 8　菜油40份,羊油10份,黄蜡15份,加热煮沸后再加花椒末、没药末各2份,离火调匀,趁热注入腐蹄洞中,冷凝包扎,每5天换药1次。治蹄叉腐烂久不愈。

方 9　菜籽油烧开后加入诃子末、花椒末各适量,离火调匀,趁热倒入腐洞,用烟丝填满,熔化黄蜡封固,盖上白铁片,装钉蹄铁。治湿漏。如是干漏,本方中烟丝换成血余炭、乳香末、枯矾末各等量。

方 10　猪油200克熬后去渣,生姜100克,胡桃仁烧灰75克,炉甘石末50克,混合熬制成膏.涂封患部。

方 11　麻油30毫升烧沸,加入血余炭60克,黄蜡30克后,即刻停火,待二药全部熔化,趁热灌入患部,包扎蹄绷带。

方 12　黄蜡20克,食油50毫升。先用利刀挖净污物腐肉,至见鲜血,将油蜡混合炼沸,趁热灌注患部,盖上白铁皮装钉蹄铁。

方 13　雄黄20克,冰片1克,胡麻油适量。先清除变性角质,将上药研细粉撒布患处,再徐徐倒入沸油使药物呈糊状,石蜡熔化封闭,麻袋片包扎。

方 14　马钱子3个,花椒30克,研为极细末。将食油50毫升煮沸灌入患部,然后撒入药粉,立即用烙铁熔蜡封口,包扎蹄绷带。

方 15 鲫鱼、鸡爪参（别名隔山香、香白芷、假当归、山党参、野茴香、人参归）各 250 克，白及 40 克，冰片 30 克。将鲫鱼烤干同另药研末混合调敷患部，并包扎蹄绷带。

方 16 白及粉 6 份，煅石膏 2 份，黄连粉 2 份，共为细末，混匀，温水调成糊状，敷塞患部，包扎蹄绷带。

十五、蹄叶炎（五攒痛）

【病　因】 蹄叶炎是蹄壁真皮的弥漫性非化脓性炎症。原因主要是建立在有机体过敏反应和神经反应的基础上。喂料多，使役少，消化障碍，料毒积滞体内，气血不得通畅引起的，为料伤；草饱骑乘，奔走太急，使气血凝滞而引起的，为走伤。本病也常继发于风寒感冒，重剧胃肠病、妊娠末期或分娩后。

【症　状】 常两前肢或两后肢同时发病，也有的四肢同时发病。两前肢发病时，前肢前伸，蹄尖不敢着地，两后肢伸于腹下，头颈高抬。两后肢发病。头颈低下，四肢聚于腹下，后肢各关节屈曲，步样紧张，腹部紧缩。四肢同时发病时，由四肢频频交换负重，姿态不定，重则起立困难。患本病时还表现蹄部发热，食欲减少，严重者肌肉震颤，体温升高，呼吸急促，出汗，脉搏加快，后期卧地不起。

【治　疗】 除去病因，减少渗出，缓解疼痛，促进机体解毒等是总的原则。治疗时应先除掉蹄铁，病初一二天对患蹄做冷水浴，每日 2 次，每次 1～2 小时。3 日后改为温水蹄浴，用 40℃～45℃温水每日浴患蹄 2 次，每次 1 小时，连续 5～7 日。可放蹄头血或胸膛血。中草药治疗可选用下列处方：

方 1 血余炭适量，食醋调膏敷蹄底，全部填满，如血余炭少，可再加醋糟填平，再用平板烙铁在药上熨烙，药温保持 45℃ 左右，每次半小时，烙后包扎不使受风，每日早、晚各 1 次。治蹄叶炎发生 4 日以后。

方 2 芒硝 350 克,芦荟 10 克,干姜末 30 克,小苏打 150 克,水调,大畜 1 次灌服。治蹄叶炎初期,蹄部急痛增温。

方 3 血余炭 10 克,松香 32 克,黄蜡 47 克,前二药研末,黄蜡熔后调匀药成膏。修削蹄甲后,将膏涂于蹄心、蹄壁,用烙铁轻烙,数日后换药,再如此处理 1 次。

方 4 黄蜡适量研末,放蹄底部,再放头发适量,用烙铁在蹄底重烙,周围侧壁轻烙,隔日 1 次,同时放蹄头血。

方 5 雄黄 5 份,葱白 4 份,鸡蛋清 4 份,蜂蜜 2 份,食醋 1 份,共捣成膏敷于患蹄壳及底部,每日 3～4 次,敷前先削修患蹄,连用数天。治蹄叶炎初期疼痛发热。

方 6 柳树叶、槐树叶、松树叶、柏树叶各适量,水煎汁加醋适量。初期冷浴患蹄,后期温浴,每日 2～3 次,每次 20～30 分钟。

方 7 薄荷、苍耳草各适量煎汁冷浴患蹄,每日 3 次,每次 50～60 分钟,连用数天。治蹄叶炎疼痛发热。

方 8 鲜败酱草、鲜续随子(别名千金子、菩萨豆、联步)全草各 250 克,鲜曼陀罗叶 200 克。洗净患部,放蹄头血,然后将上药捣细混合外包蹄部,3 日换药 1 次,至愈。

方 9 横卧保定患畜,使三蹄缚于腹壁,患肢伸直,蹄甲以上用湿毛巾包好以防烧伤,患蹄甲包草纸 3～5 层,用白酒洒患蹄,点燃烧之,至知痛而乱撞地时把火灭掉,解除保定。

十六、屈腱炎

【病　因】 屈腱炎是指(趾)浅屈肌腱、指(趾)深屈肌腱与系韧带发生的炎症。常是屈腱腱束发生部分断裂后的一种病理过程,多因在运动中屈腱受到过度紧张和牵张而引起,偶尔可因屈腱受到外伤(如挫伤、踢伤、勒伤)和邻近炎症蔓延所致。

【症　状】 站立时负重,病肢屈曲,蹄尖着地,系部直立,球节弯曲。运动时,呈明显的支跛,球节下沉不充分,常发生蹉跌,跛行随运动加剧。患部增温肿痛,初期肿胀较轻,病程经久者屈腱肥厚而呈硬肿。有的因屈腱挛缩造成滚蹄。

【治　疗】　病畜休息,停役。中草药治疗可选用下列处方:

方 1　患部扎绷带 3 层,用冷醋淋浇,每日 5 次,1 次 30 分钟,或用黄土加醋捣泥敷于患部,每日早、晚各 1 次。治屈腱炎初期肿胀疼痛,局部发热。

方 2　棉花蘸热醋或 60°白酒涂擦患部,每次 30 分钟;每日早、晚各 1 次,涂后以绷带包扎。治屈腱炎中后期轻症。

方 3　当归、没药、自然铜各等份,共研细末,白酒调敷患部,用绷带固定,外面再用纱布 4 层包扎,热醋淋湿,用平板烙铁在上面熨烙,干则淋醋。1 次半小时,隔日敷烙各 1 次。治慢性屈腱炎。

方 4　樟脑 25 克,薄荷 5 克,蓖麻油 40 毫升,混合涂擦患部,每日 2 次。治慢性屈腱炎。重者结合人字形或荆毛状烧烙。

方 5　松针 80 克,三棵针皮 50 克,杨树皮 45 克,防己 30 克,共研碎末,沸水冲调。大畜 1 次灌服。治慢性屈腱炎。

方 6　陈草木灰加净凉水调敷患部。治屈腱炎急性热疼。

方 7　雄黄、栀子等量研末,用食醋调敷患部。治屈腱炎初期。

方 8　大黄、黄芩、栀子各等份,研细末,加鸡蛋清调匀,贴敷患部。

方 9　用饱和食盐水涂擦患部 5~10 分钟后,再进行温敷。

方 10　鲜蒲公英全株 200 克,雄黄 20 克,冰片 2.5 克,捣成糊状贴敷患部。

方 11　醋、白酒各 500 毫升混合,加温至 50℃左右,将一块30 厘米×15 厘米的旧布浸泡于醋酒内,然后包于屈腱部,用烧红的烙铁(2 把轮流用)烙布上,边烙边向绒布上倒醋酒,约经 15 分钟左右即可。

十七、腹下水肿(肚底黄)

【病　因】　血分郁热,复感外邪,或气血亏损,脾失运化,引起肚底肤膜之间发生肿胀称为腹下水肿。有认为是由于局部淋巴、血液循环障碍,毛细血管淋巴管中的体液外渗所致。主要发生于马,有时见于牛。

【症　状】　患畜腹部皮下水肿或呈大小不同的圆形肿胀,无热无痛,水肿可逐渐扩大至胸、腹两侧及阴囊,按压留下指痕。妊娠母畜后期易患本病。

【治　疗】　中草药治疗可选用下列处方:

方1　赤小豆15～20克,生姜皮10～15克,共同捣碎,沸水冲调。猪、羊1次混饲,每日1次,大畜用此量的5～7倍。治腹下水肿无热痛。

方2　冬瓜皮250克,益母草150克,甘草100克,共捣碎。沸水冲调。大畜每日1剂内服。

方3　活田螺250～500克,大蒜秆300～400克,共捣碎,沸水冲调。大畜每日1剂内服。治腹下水肿心悸气喘。

方4　大麦芽150克,煎浓汁去渣。大畜每日1次内服。

方5　白茅根100克,黑豆350克,红糖250克,共研细末,沸水冲调。大畜每日1剂内服。治腹下水肿,水草少进,消化不良,瘦弱乏神。

方6　鲜松针5份,鲜薄荷2份,共捣为泥,加盐1份,干净黄土3份,水调匀敷肿处,每日1换。治腹下硬肿微热。

方7　鲜柏树叶5份,赤小豆3份,鲜柳树根皮7份,共捣如泥敷肿处,每日1次。治腹下水肿疼痛增温或发痒。

方8　鲜柳枝、鲜槐枝、蒜辫子各5份,白矾3份,花椒1份,煎汁。温洗肿处,每次半小时,洗后揩干牵于暖处免受风吹,每日

1～2 次。治腹下水肿,疼痛增温或发痒。

方 9　浮萍 100 克,木贼 60 克,赤小豆 500 克,共研细末,沸水冲调。大畜每日 1 剂内服。治腹下水肿,尿不利,懒动。

方 10　早稻根 500 克,蒲公英 100 克,冬瓜皮 200 克,煎汁。大畜每日 1 剂内服。治腹下水肿流动不定。

方 11　玉米须 250 克,大枣 100 克,煎汁。大畜每日 1 剂内服。治腹下水肿,以后腹为重。

方 12　生姜 50 克,白扁豆 180 克,玉米 200 克,共研细末,沸水冲调。大畜每日 1 剂内服。治腹下水肿,瘦弱。

方 13　高粱根 100 克,半边莲 150 克,墨旱莲 75 克,甘草 120 克,共研细末,沸水冲调。大畜每日 1 剂内服。治腹下水肿,心悸乏神,口青舌紫。

方 14　刚风化为末的鲜石灰过筛装瓶密封。视肿块大小取等量石灰和食盐,加常水调成糊状涂满患部。每日 2 次,现调现用。

方 15　仙人掌去皮捣烂敷患部,或与芙蓉花(别名木芙蓉、芙蓉)叶共捣烂,加醋外敷患部,每日 1 换。

方 16　甘草 200 克,茵陈 150 克,木通 100 克,共研细末,沸水冲调。大畜每日 1 剂内服。治腹下水肿,尿少微喘。

方 17　患部消毒后以针乱刺肿处使流出黄水,用陈石灰面炒热加醋调敷肿部。

方 18　咸菜缸底泥,炒至半干加醋调糊,敷肿处一厚层,每日早、晚各 1 次。治腹下水肿发痒。

方 19　金樱子根(晒干)500 克,浓煎汁适量,加白酒 100 毫升,大畜 1 次内服;并用食醋 500 毫升,白矾末 35 克,高粱面适量调糊,敷肿部,每日内服、外敷各 1 次。治腹下水肿,心肾亏虚。用药后适当牵遛。

方 20　榆树白皮(晒干)80～100 克,白米 300 克,共研细末,沸水冲调。大畜 1 次内服；并用火硝 2 份，花椒 3 份，共研末，加绿豆面 8 份，醋适量调糊涂肿部。治腹下水肿，局部增温，疼痛或痒。

方 21 陈葫芦 200 克，蚕豆 300 克，共研细末，大畜每日 1 次内服；并用大葱 1 份，白矾 2 份，食醋 10 份，水 5 份，煎沸候温，加白酒适量洗肿处，早、晚各 1 次。治心肺虚弱，腹下水肿，心悸微喘。

方 22 青蛙(晒干)200 克，蝼蛄(晒干)25 克，葫芦子 100 克，共研细末，沸水冲调，大畜每日 1 次内服；另用花椒、白矾、黄蒿各适量，加食醋 3 份，水 1 份，共煎汁，温洗肿处，早、晚各 1 次。治臌胀，腹下水肿，心脾亏虚。

方 23 生石膏、桐油各等份，共混匀成浆糊状，外敷患处，每日 1 次，连用 2～4 次。

方 24 大蒜根茎、大葱根茎、鲜柳树枝各等份，煎汤局部热敷，每日数次。

方 25 鲜蒲公英 100 克，石灰粉、面粉各适量。捣烂加水拌成糊状，涂敷患处，每日 2 次，连用数次。

方 26 白矾 30～80 克研末，加鸡蛋 3～6 个(用蛋清)和少许水，大畜 1 次灌服。投药同时应结合大宽针乱刺肿处，并涂以细盐。

方 27 陈油菜籽 250 克，炒焙至发出爆裂声后，放入适量水在锅内混匀捣碎，当锅内温度约 50℃左右时再放入白酒 100 毫升混匀，大牛连渣汁 1 次灌服。一般只需 1 剂。

方 28 陈小麦若干，加水淹没，浸 3 日(冬季 7 日)，捣烂，过滤去渣，静置沉淀后除去上清液，将沉淀小麦晒干放锅内小火炒至焦黄色成块状时取出，放凉研粉。用时取粉加醋调成软膏外敷患部。

方 29 鲜天南星 100 克，捣烂调醋。用小宽针先将患部刺破，按压使其流出黄水或淡红色血液，再将药涂于患部。日涂 2

次,连用 3 天。

方 30 藤黄(别名三黄、月黄,为藤黄科植物藤黄的胶质树脂)10 克,石灰粉 50 克,白酒 200 毫升。先用三棱针刺肿胀处,放出黄水或血水。再用藤黄磨酒溶解,然后将石灰粉倒入藤黄酒中调成糊状,涂敷患处。每日 1~2 次,连用 3~5 天。

方 31 雄黄、白矾各等份。共研末,用麻油调擦患部,每日 1次,连续 3~5 天。

十八、直肠脱出(脱肛)

【病 因】 直肠脱出是指直肠黏膜的一部分或直肠后部整个外翻脱出,不能自动缩回。马、猪多发。主要因长期便秘,母畜分娩,老龄及瘦弱家畜长期腹泻所致直肠韧带松弛,病畜强烈努责等而发病。

【症 状】 病畜拱腰,尾巴举起,直肠黏膜在肛门外形成淡红色花瓣状物。长时间不能缩回,致使黏膜水肿呈青紫色,干裂或坏死。

【治 疗】 中西医结合治疗。新发病例用 0.2%高锰酸钾或1%~2%白矾水清洗患部。先按西医方法整复、缝合,再根据病情采取镇痛、消炎、缓泻等对症治疗。中草药治疗可试用下列处方:

方 1 石榴皮 10 份,防风 7 份,白矾 5 份,花椒 1 份。加水煎开数沸,候温用以洗净脱出部,缓缓送回。如黏膜肿胀送回困难时,用经消毒的小宽针点刺黏膜,流出水肿液使其变小后送回;同时,用两块浸有温药液的纱布,交替托住肛门,直到不脱出为止。治新鲜脱肛或直肠脱尚未感染,或感染轻微。

方 2 脱出的直肠壁肿胀坏死严重时,用没药、红花、花椒各 4份,枯矾、防风、乌梅、金樱子各 5 份,煎汤洗净,捏破肿胀,清除坏死黏膜,挤出水肿液,然后用适量白矾末揉擦后,将脱出部轻轻送入肛门,再用两块浸有温药液的纱布,交替托住系拴固定于肛门处,中留排粪孔;如继续脱出,则行肛门口袋缝合,留适当排粪孔,7～10日后拆线。

方3 金樱子根、槐树根皮煎汁洗净患部,用马勃焙干研末,麻油调擦患部,每日3次。治脱肛红肿。

方4 泽兰(别名地瓜苗、地筒子、银条菜)叶5份,大葱4份,艾叶1份,煎汁洗净患部;再用黄豆、蒲黄等量焙干研末,熟猪油调膏敷患部,每日洗敷各2次。治轻度未感染的脱肛。

方5 活蚯蚓或干地龙50～80克,洗净捣烂,加白糖200克,沸水冲调。大畜1次内服,加用上述方4治疗。治脱肛感染增温肿痛。

方6 炒槐豆子50克,干柿饼400克,蚕豆250克,共捣碎烂,沸水冲调,大畜1次内服;另用田螺肉(焙干去壳)5份,蝉蜕2份,冰片1份,共研细末,食油调抹患部,然后用前述法整复。治牛、马气虚脾寒脱肛。

方7 芫荽200克,加水煎汁熏洗,每日2次。另用鳖头1个焙焦存性,研细末麻油调敷患处,每日2次。治猪脱肛。

方8 鳖头3～4个,猪大肠头1个,加水盐煮熟,共捣碎烂,混于饲料中给猪吃下,隔日1次;另用活田螺数十个放盆内,待头伸出时撒上白糖,取螺汁和糖的混合液涂于脱出部,每日2～3次,并行整复。治猪重症脱肛。

方9 温开水适量化入少量食盐,将脱出的直肠头洗净,涂布白酒,用枯矾末适量撒布,进行整复;再用两块浸湿热醋的纱布拧干,交替暖托1小时。治虚寒脱肛。

方10 柳树根250克,红糖200克,煎汁,大畜1次内服;另用苍耳草10份、榆树皮5份、花椒1份煎汁洗净患部;白矾3份、五倍子2份研末撒布患处,进行整复,热醋纱布暖托1小时。

方11 先用沸水化盐洗净肛门,再用白酒喷肛门,然后将少量枯矾末撒在肛门上,将直肠送回。最后用热鞋底暖肛门1小时。

治禽肛门垂脱。

方 12 艾叶煎汁洗净肛门后,手涂麻油,托送回去,每日处理 3～4 次。治禽初期脱肛。如不愈,整复后肛门皮肤行袋口缝合,中间留排粪口,待禽不再努责时拆线。

十九、结膜炎(火眼、肝热传眼)

【病 因】 结膜炎是指睑结膜和眼球结膜的炎症。多由外界的刺激,如异物或化学性气体的刺激,以及细菌和病毒的感染等。或继发于腺疫、感冒等疾病。

【症 状】 患眼增温、流泪、结膜潮红、稍肿胀、疼痛,有浆液性或黏液性眼眵。重症时,肿痛明显,有黄白色脓性眼眵。

【治 疗】 中草药治疗可选用下列处方:

方 1 取新鲜鱼胆,凉开水洗净,用烧红的针刺破,使胆汁流入净眼药瓶中,每日 4～5 次滴患眼,每次 2～4 滴,治愈为止。治结膜炎红肿疼痛。

方 2 菠菜子 100 克,野菊花 60 克,共捣碎烂,沸水冲调。马、骡每日 1 剂内服,结合局部治疗。治急性结膜炎初起。

方 3 健康羊胆汁、蜂蜜各等量,文火熬成膏,沸水冲调 15 毫升,候温。猪、羊 1 次内服,每日 2 次,大畜用此量的 5～6 倍,亦可用此膏点患眼。治结膜炎红肿流泪。

方 4 鲜桑叶适量,冷开水洗净后捣烂,用经消毒的温乳汁浸泡半小时,用此桑叶敷患眼,每次 20 分钟,每日 3～5 次。治结膜炎红肿疼痛。

方 5 鲜柏树叶 15 份,捣烂后加白蜂蜜 5 份,冰片末 1 份,研和均匀,每次取适量摊净纱布上敷患眼,每日 3 次。治结膜炎肿痛日久。

方 6 菊花 200 克,煎汁 2 次混合约 2.5 升,过滤后一半内服,一半熏洗患眼,每日 2 次。治结膜炎红肿流泪。

方 7　车前叶 150 克,谷精草 80 克,木贼草 50 克,露蜂房 40 克,煎汁适量,大畜 1 次内服。治结膜炎日久不愈。

方 8　鲜石榴嫩叶 30 克,加水 500 毫升,煎成 250 毫升,去渣过滤后洗眼,每日 2～3 次。治结膜炎红肿痒疼。

方 9　用注射器吸养在净水盆里的活石螺蛳水点眼,每次 2～3 滴,每日 3 次。治急性结膜炎。

方 10　鲜丁香花叶 60 克,水 1 升煎成 0.6 升,过滤后洗眼,每日 2～3 次。治结膜炎发痒多眵。

方 11　慈姑(别名茨姑、白地栗、慈果子、水慈姑)粉 20 份,冰片 1 份,黄柏 10 份,共研极细末点患眼,每日 2～3 次。治结膜炎流脓眵。

方 12　紫花地丁洗净捣烂拧汁点眼,每次 2～3 滴,每日 3 次,药渣加适量鸡蛋清敷于患眼皮上。治结膜炎红肿急剧。

方 13　鲜蒲公英 700 份,生栀子 100 份,煎药汁 2 次混合,一半内服,一半过滤后洗患眼。治急性结膜炎初期。

方 14　从老黄瓜一端开口去瓤,填满芒硝,端孔盖好,悬阴凉通风处,硝透瓜外结成霜,刮取备用。每次用少许点患眼,每日 2～3 次。治慢性结膜炎或急性复发。

方 15　取鳖胆汁加等量蒸馏水稀释,每日早、晚各 1 次点患眼。治结膜炎肿痛。勿与他药合用。

方 16　柳絮 25 克,霜桑叶 60 克,菊花 45 克,白糖 60 克,煎汁灌服,每日 1 剂,连服 3 天。治马、骡慢性结膜炎流泪。

方 17　鲜蒲公英 400 克。水煎后,一半口服,一半趁热熏洗患眼,每日 1 次。

方 18　续断少许,放嘴里嚼细,将含药唾液喷进患部或涂擦。

方 19　生食盐加水 5 倍煮煎,盐完全溶化后过滤装瓶,用以反复冲洗患眼。每日 3～5 次,连用 1～3 天。

方 20　活水蛭 5 条,置清水中 2～3 天,待洗净泥土,吐尽污垢后,放入 10 克蜂蜜中。约 1 小时水蛭即死亡,呈现浑浊液体。5 小时后捞弃水蛭,投入冰片 2 克,密封备用。临用时用滴管吸取药液,每次 2 滴,每日 1～2 次。治结膜炎、角膜炎等。

方 21 核桃仁 40 克研碎,用净水调成糊状,敷包患眼,每日 1 次,直至病愈。

方 22 活田螺 2～3 只,冰片 2～5 克。田螺起盖,放入冰片,待田螺内流出水,即为"冰螺汁"。取"冰螺汁"搽患眼,每日 2～3 次。

方 23 将冰片 2 克研细末与烟油 1 克共置小玻璃瓶内,混匀备用。每次点眼 1 滴,每日 1～2 次。

方 24 将干或鲜山豆根(别名广豆根、豆根、苦豆根)全株 100 克浸泡在新鲜人尿 250 毫升中 12 小时,用注射器吸取上清液喷洗牛眼,每日 2～3 次,连用 2～3 天。

方 25 黄连 4 克,冰片 2 克,加水煮沸,浓缩为 20 毫升药液,取澄清的药液点眼,每日 3～4 次,连点 2 日。

方 26 新鲜鹅不食草(别名砂药草、球子草)30 克,捣汁后用塑料眼药水瓶吸汁滴于患眼内。每日 3～4 次,连用 3 天。

方 27 猪胆汁浓缩成膏 1 克,黄连 2 克,用沸水 50 毫升浸泡,待凉滤取清液,加入冰片粉 0.5 克搅匀点眼,连用 2～3 天。

方 28 野菊花煎汤,用澄清液凉后洗眼。治兔结膜炎。

方 29 紫花地丁捣烂取汁,每日点眼 5～6 次。治兔结膜炎。

方 30 蒲公英 32 克,加水煎汁,头煎内服,二煎洗眼。治兔结膜炎。

方 31 菊花 30 克,童便 1 碗,共煮沸取汁洗眼,每日 2～3 次。治兔结膜炎。

方 32 野菊花 1 把,薄荷叶 1 把,煎汁洗眼,余药汁灌服。治兔结膜炎。

方 33 猪胆汁 1 份,白酒 9 份,混合后每次内服 3～5 毫升。

治兔结膜炎。

二十、角膜炎

【病　因】　角膜炎常因外伤、鞭打、笼头压迫、摩擦等引起；在结膜炎、周期性眼炎、烧伤以及某些传染病的经过中，也可发生。

【症　状】　病畜患眼怕光、流泪，眼睑闭合，角膜混浊，表面粗糙不平，有白翳。其边缘有树枝状新生血管。若是鞭打或外伤，则角膜有伤痕或血斑，角膜呈淡蓝色的半透明或灰白色不透明的混浊，视力减弱或失明。

【治　疗】　中草药治疗可选用下列处方：

方 1　用注射器吸取牛、羊或猪的苦胆汁适量，与等量蒸馏水混匀，每次 2～3 滴点入眼内，每日 2～3 次。治溃疡性角膜炎或角膜混浊。

方 2　食盐炒至灰色，细竹子节部烧成灰（存性），等量共研极细末，吹入眼内少许，每日 2 次。治传染性角膜炎。

方 3　嫩柏树叶 10 份，白矾 1 份，煎汁适量过滤后洗眼，每次 2 分钟，每日 3 次。治传染性角膜结膜炎。

方 4　麻雀粪（晒干）1 份，白及、白牵牛子各 3 份，共研极细末，每次用小米粒大点入患眼，2～3 日 1 次，共用 10 次。治角膜云翳胬肉。云翳不退时即应停药，考虑手术。

方 5　鲜鹅不食草 20 份捣汁，煎沸澄清，加冰片末 1 份调匀，候凉点患眼胬肉上（一般在眼角内），每日 1～2 次。治角膜炎日久形成云翳或胬肉。

方 6　杏仁（去皮尖）、白蜂蜜各适量，共研成膏，点患眼胬肉上，每日 1～2 次。治角膜胬肉。

方 7　熟鸡蛋黄炒出的油点眼，每日 2～3 次。治角膜炎轻症。

方 8　黄连 1 份，煅石决明 2 份，共研极细末，点入患眼少许，每日 2 次。治角膜炎初期视物不清。

方 9　鲜藕节适量,捣烂后净纱布拧汁,每次点入患眼 4～5 滴,每日 3～4 次。治灰尘入眼引起角膜炎。

方 10　南瓜、鲜生地各适量,共捣碎烂敷患眼上,每日 3～4 次。治打伤引起角膜炎。

方 11　鲜桃叶适量,凉开水洗净,用净鸡蛋清调匀,共捣成膏敷于患眼上,每日 2～3 次。治打伤角膜肿痛。

方 12　嫩紫苏叶、嫩月季花叶各适量,加入砂糖少许,共捣碎烂,敷于患眼上,每日 3 次。治打伤角膜红肿流泪。

方 13　茄子(洗净去皮)200 克,白糖 15～20 克,共同捣烂成膏,敷于患眼上,每日 3～4 次。治新鲜角膜创伤。

方 14　猩红(别名银朱、灵砂,为人工制成的赤色硫化汞)1 克,分 10 次吹入患眼。治陈旧性角膜炎形成的云翳影响视线。

方 15　干木贼草 250 克,甘菊花 80 克,共研末,沸水冲调,候温给大牛 1 次内服。治角膜炎形成白外障。

方 16　水芹 20 克,捣碎拧汁过滤,加冰片末 1 克混匀,每次点角膜白斑上数滴,每日 3 次。治角膜炎引起白斑蔽睛。

方 17　1％三七液煮沸后冷却点眼。

方 18　10％食盐水,热敷患眼。

方 19　青霉素粉 80 万单位,猩红 0.2 克,混合吹入患眼,每日 2～3 次。

方 20　将鲜续断 50 克洗净捣碎,放入干净容器内加入冷开水 300 毫升浸泡 1 夜,去渣用纱布过滤备用。用注射器吸取药液喷患眼。

方 21　地骨皮 100 克,放入白酒 200 毫升中泡 3 日,去渣取液点眼,每日 3 次,1 次 3 滴。

方 22　鲜墨旱莲 5～9 株,洗净捣烂,榨取汁液点眼,每日 2～3 次。

方 23 白矾研为极细末,过细罗,装瓶备用。用时将药撒入眼睑内少许。每日早、晚各 1 次,连用 3～5 天。

方 24 先用白矾水清洗病眼,然后用冰螺汁(见结膜炎方 22)适量点眼,每日 2～5 次,连用 3 天。

方 25 竹尖炭 10 克,大青盐 10 克,冰片 0.5 克。共研极细粉,用适量点眼内,每日 1 次,连用数天。治角膜翳。

方 26 人指甲研极细末,用人奶调匀点眼,每日 2 次。治初、中期角膜翳。

方 27 轻粉 6 克,冰片 2 克,各研为极细末,将 1 个鸡蛋的蛋清放在清洁瓦片上,用火焙黄,刮取研细的末,与前药末混匀装瓶备用。用时以清洁的毛笔尖或禽羽蘸上人的唾液,再蘸药末,涂抹于患眼角膜上,每日 1 次,连用 3 天。治角膜翳。

方 28 烟草茎秆晒干烧灰存性,冷却后用厚纸包好放阴凉处 24 小时,研末过细筛,按 5∶1 加入冰片同研至极细末,装瓶备用。用时取药末少许置碗内,加少许花生油调成糊状,放入患眼,每日 3 次至愈。治牛角膜翳。

方 29 将蛇蜕 1 条装入新鲜小竹筒内,竹筒两头用泥堵塞,置武火中烧烤竹筒至竹筒断烟(勿把竹筒烧成灰),除去两头泥土,倒出蛇蜕(以色白者佳),装瓶备用。用时以鲜人乳汁调之,点入眼内,每日 5 次。治角膜翳。

方 30 绿葡萄藤去结,剪成 15 厘米长,使两头呈无结之中空状。用时将患眼睑翻开,对准眼睑,将葡萄藤内汁吹入眼睑内。每次 5～10 滴,每日 2～3 次,翳去为止。

方 31 试用新鲜鸡蛋清 2 毫升,皮下注射,每日 1 次治兔角膜混浊生翳。

第八章　生殖系统疾病土偏方

一、流　产

【病　因】　流产是妊娠过程受到破坏而中断,同时胚胎被吸收、产出死胎或不足月胎儿。病因有传染性的,如患布鲁氏菌病。有侵袭性的,如毛滴虫病等。非传染性的,如母畜患病、胎儿畸形,误用子宫收缩药等。饲料里蛋白质等缺乏,发霉变质、受惊、过劳、误配等都可造成流产。

【症　状】　病畜有的无明显症状而突然流产,有的在流产前从阴道流出黏液,起卧不安。阴道检查时子宫颈稍开张。妊娠后期流产可见乳房增大。有的因胎儿死产变成干尸。或被感染而发生胎儿溶解或腐败。

【治　疗】　有流产先兆的母畜要注意护理,排除流产因素。如子宫颈开张,胎膜已破时,应让母畜自行排出胎儿。如死胎停滞在产道中时,需将其拉出,以免死胎腐败。中草药安胎可选用下列处方:

方1　苎麻根150克,煎汁适量。大母羊徐徐灌服。

方2　莲子肉30克,糯米35克,苎麻根25克,煎汁适量。猪、羊1次灌服,大畜用此量的3～5倍。

方3　荷叶蒂125克,香附60克,艾叶65克,大枣130克,煎汁适量,加童便400毫升。大畜1次灌服。

方4　艾叶20克,煎汁适量,鸡蛋2个去壳调入。羊、猪1次灌服。

方5　红黏谷(炒研末)1千克,杜仲(研末)60克,沸水冲调。大畜每日分2次服。

方6　生扁豆35克,生姜3克,白糖30克,煎汁适量。猪1次灌服,大畜用此量的 5 倍。

方 7　荷叶蒂 25 克,南瓜蒂 20 克,煎汁适量。羊、猪 1 次灌服,大畜用此量的 5～6 倍。治胎动漏血腹痛。

方 8　桑寄生(别名冻青、飞来草)15 克,川断 20 克,菟丝子 25 克,煎汁适量,羊、猪 1 次灌服。大畜用此量的 3～5 倍。治流产预兆腹痛或漏血。

方 9　糯稻根 60 克,丝瓜藤 35 克,黄芩 10 克,煎汁适量。猪、羊 1 次灌服,大畜用此量的 3～5 倍。

方 10　葱白 25 克,伏龙肝 40 克,艾叶 15 克,煎汁适量。猪、羊 1 次灌服,大畜用此量的 5 倍。治妊娠反胃吐水吐食易致流产。

方 11　丝瓜藤 25 克,莲子肉 38 克,地骨皮 20 克,糯米 45 克,共煎汁适量。猪、羊 1 次灌服,大畜用此量的 5 倍,每日 1 剂。治妊娠肚疼或漏血。

方 12　桑寄生 50 克,干荷叶 60 克,共研末,糯米泔水调药。羊、猪 1 次灌服,大畜服 4 倍量。治胎动腹痛漏下黄水。

方 13　卷心荷叶 45 克,艾叶 10 克,煎汁,加红糖 50 克。羊、猪 1 次灌服,大畜用 4 倍量。治胎动发热漏血。

方 14　银柴胡 20 克,金银花 15 克,南瓜蒂 25 克,煎汁适量。羊、猪 1 次灌服,大畜用此量的 5 倍,连服数天。治胎动腹痛,漏下黄稠黏液,发热。

方 15　桑寄生 35 克,艾叶 20 克,煎汁适量,阿胶(烊化)25 克,加米酒 25 毫升调匀。羊、猪 1 次灌服,大畜用此量的 5 倍。治胎动漏血水。

方 16　大黑豆 70 克,核桃肉 15 克,共研细末,加水适量煎沸 15 分钟,加黄酒 50 毫升。羊 1 次灌服,大畜用此量的 4 倍,连服至痊愈为止。治胎动腹痛腰拖。

方 17　莲房(炒炭存性)20 克,破故纸(炒香)12 克,共研细末,沸水适量冲调。羊、猪每日 1 次灌服,大畜用此量的 5～7 倍。

治胎动腰腹疼痛或漏血。

方18　卷柏35克,莲子肉(去心)40克,糯米30克,共研末,水适量煎沸20分钟。羊、猪连渣1次灌服,每日1剂治愈为止。治胎动漏血。

方19　蚕豆壳(炒干研末)20克,砂糖15克,沸水调药,候温。羊1次灌服,大畜用5～10倍量。治妊娠吐水漏血。

方20　生地黄150克,煎汁适量,化入阿胶120克。马1次灌服,小畜酌减。治妊娠心虚血亏、胎元不固而异常跳动。

方21　椿根皮200克,干葫芦150克(湿的250克),煎汁适量。牛1次灌服,小畜酌减。治胎动漏黄水腹痛。寒战的加红糖适量。

方22　白鸡冠花100克(焙干存性),荆芥(炒黑存性)35克,研细,沸水适量冲调,加白酒50毫升。大畜1次灌服。小畜酌减。治腹痛起卧先兆流产。

方23　葱白150克,荞麦仁500克,加水适量煮熟。牛连渣1次灌服,每日1～2次,小畜酌减。治虚寒胎动漏血。

方24　南瓜蒂200克煎汁适量,马1次灌服,每日1～2次。治闪伤胞胎漏血先兆流产。又南瓜蒂焙干研末,沸水调服5～10个,每日1次,连服数月。用于预防流产。

方25　白矾30克,加水适量煎沸,打入鸡蛋10个,候温。大畜1次灌服,每日1～2次。治胎动漏黄水或血。

方26　百草霜70克,伏龙肝150克。大黑豆300克,煎汁适量。大畜1次灌服,中小畜酌减。治胎伤漏黄水或血,腹痛不安。

方27　玉米包衣(玉米棒外面的皮)100克,大枣200克,煎汁适量,调入血余炭末25克。大畜1次灌服。治虚弱滑胎。

方28　狗头骨1个烧炭存性研末,用糯稻根150克煎汁冲调,候温。大畜每次灌服120毫升,每日1～2次,中小畜酌减。治胎动不安或漏下血水。

方 29 黄芩 500 克,研成细末,拌草或混入饲料中喂服,每日 3 次,每次 50 克。预防大畜流产。

方 30 艾叶炭、鲫鱼各 500 克。煎汤去渣,马、牛 1 次温服,每日 1 次,连服 4～7 天。

二、子 宫 炎

【病 因】 子宫炎常由于胎衣滞留,难产,子宫外翻,助产不慎,消毒不严,胎死腹中时受感染而引起。也可继发于阴道炎。

【症 状】 慢性子宫炎起初仅表现为食欲不振,产奶量慢慢减少,不发情或发情推迟,不易受胎等。症状稍明显的,可见弓背努责。做排尿姿势,体温微升,经常从阴门流出少量黏脓分泌物。急性子宫炎体温升高,常卧地,食欲废绝,反刍停止,磨牙,阴门流出较多淡红色或褐色的黏稠而腥臭的分泌物,附着在尾根、阴门的周围及后肢。以后毛焦肷吊,不易站起,行走僵硬,呆立无神,有时后肢踢腹。

【治 疗】 中草药治疗可选用下列处方:

方 1 茯苓 50 克,蒲公英 120 克,鸡冠花 35 克,炒苍术、白术各 50 克,共研为末,沸水冲调,候温。大畜 1 次灌服。

方 2 蒲黄、当归、五灵脂各 10 克,共为末。沸水冲调,待温。羊 1 次灌服。

方 3 向日葵茎秆(连白芯一起)15～20 克,臭椿树皮 70 克,棉花籽 25 克,共捣碎烂,煎汁适量。羊 1 次灌服,马、牛服此量的 5 倍。治子宫内膜炎带下腹痛。

方 4 扁豆花 20 克,鸡冠花 30 克,黄芩 15 克,煎汁适量。猪 1 次灌服,马用此量的 5 倍。治子宫炎带下腥臭。

方 5 鲜藕(切片)250 克,胡萝卜缨(切碎)100 克,共捣碎烂,加水适量煎沸 10 分钟,加红糖 100 克。羊 1 次连渣灌服,牛用此量的 5～6 倍。治带下黄臭发热。

方 6 桃仁 50 克,枸杞子 90 克,鲜败酱草 250 克,捣碎烂,加水适量煎沸。每日 1 剂牛灌服,小畜酌减。治子宫炎淤血发热带下。

方 7 蒜薹头 65 克,艾叶 25 克,淘米水适量煎汁,加 2 个鸡蛋的蛋清。羊 1 次灌服。治慢性子宫炎带下黄臭。

方 8 山楂 150 克研末,用益母草 65 克煎汁适量冲调,加红糖 150 克。大畜 1 次灌服。治子宫淤血留滞,带下腹痛。

方 9 香附 20 克,白鸡冠花 25 克,煎汁适量,加黄酒 25 毫升。羊 1 次灌服,大畜用 5 倍量。治子宫血瘀气滞腹痛。

方 10 黄瓜藤(阴干)80 克,老丝瓜(焙焦存性)50 克,研末,沸水适量冲调,加红糖 150 克,白酒 100 毫升。大畜 1 次灌服,中小畜酌减。治慢性子宫炎带下、后肢水肿。

方 11 地锦草(别名铺地锦、奶汁草、红茎草、血见愁)20 克。白菊花根 25 克,煎汁适量。羊 1 次灌服,如用鲜的捣烂拧汁灌服,为此量 3 倍,牛用此量的 5～7 倍。治子宫炎带下黄赤、腥臭发热。

方 12 泽兰根 60 克,卷柏 15 克,共煎汁适量,加白糖 30 克。羊 1 次灌服,牛用此量的 4～6 倍。治产后子宫血瘀带下、水肿腹痛。

方 13 蚕豆梗 150 克,苋菜(别名苋实)籽 15 克研末,共煎汁适量,加红糖 100 克。羊 1 次灌服,牛用此量的 3～5 倍。治胞宫湿热带下赤白、尿涩水肿。

方 14 芝麻花、根各 20 克,玉米须 30 克,共煎汁适量,加白糖 70 克。羊 1 次灌服。治带下腹痛、尿涩水肿。

方 15 白茄根 30 克,干芹菜 50 克,韭菜根 65 克,共煎汁适量,加红糖 50 克,羊 1 次灌服,牛用此量的 5～8 倍。治产后腹痛带下。

方 16 芸薹子(为十字花科植物油菜的种子)20 克,晚蚕砂 30 克,益母草 20 克,共煎汁适量。羊 1 次灌服,牛用 5～7 倍量。

治产后腹痛带下水肿。

方 17　桃仁、红花各 20 克,益母草子 25 克,共煎汁适量。羊 1 次灌服,牛用 5～6 倍量。治产后血瘀带下腹痛。

方 18　经霜茄子 150 克,败酱草 50 克,赤小豆 30 克,共煎汁适量,加红糖 50 克。羊 1 次灌服,牛用此量的 5～6 倍。治产后子宫血瘀化热、带下腹痛水肿。

方 19　血余炭 7 克,鲜益母草(捣碎)60 克,延胡索(研末)5 克,加水煎沸 15 分钟,加白糖 50 克。羊 1 次连渣灌服,牛用此量的 5～8 倍。治产后恶露不尽、腹痛不安。

方 20　胡萝卜缨 70 克,荆芥(炒炭存性)15 克,炒黑豆 40 克,加水煎浓汁适量。羊每日 1 剂分 2 次服完,牛用此量的 5 倍。治子宫发炎腹痛发热、带下恶臭。

方 21　蚕豆皮(焙干)20 克,地肤子 25 克,鲜苦苦菜 100 克,共捣碎烂,加水适量煎沸 15 分钟,候温。羊 1 次连渣灌服,牛服此量的 5 倍。治产后子宫炎发热带下。

方 22　连根大葱 50 克,切碎捣烂,炒蒲黄 40 克,加水适量煎沸 15 分钟,打入鸡蛋 2 个。羊 1 次灌服,牛服此量的 5～6 倍。治子宫炎发热抽风。

方 23　干黄瓜藤 60 克,韭菜根 50 克,马齿苋 100 克,切碎捣烂。加水适量煎沸 15 分钟,候温。羊 1 次连渣灌服,牛用此量的 5 倍。治产后子宫炎发热抽风。

方 24　干苋菜 70 克,薄荷 15 克,大蒜 50 克,切碎捣烂,加水煎沸 15 分钟。羊连渣 1 次灌服。治慢性子宫炎带下。

方 25　玉米须、白扁豆、蒲公英各 60 克,益母草、野菊花各 120 克,加水煎汁,去渣加红糖 200 克,大畜 1 次灌服。

方 26　益母草 500 克,鸡冠花 180 克。混合研末分 3 包,日取 1 包,沸水冲调,候温灌服。治牛子宫内膜炎。

方 27　益母草 350 克加水煎汁,加入红糖 200 克调服。牛每日1次,连用3~4天。

方28 野菊花、败酱草、鱼腥草各250克。各药洗净,加水1.5升煎熬至1升时,用双层纱布过滤,待滤液温度约为40℃时注入病牛子宫内,每次注入0.5升,隔日1次。

方29 鲜大叶桉(别名桉树、油加利、郁加利)400~800克,水煎制成10%~20%溶液,灌洗子宫。

方30 炙黄芪、益母草各16克,当归8克。水煎去渣取汁。猪1次内服。

方31 鲜韭菜子120克研末,拌入饲料内喂猪。

方32 鲜韭菜苗150~250克,切细拌少量饲料喂猪,每日1次,连用1周。

方33 鲜侧柏叶30~50克(干品减少1/3),水煎取汁喂母猪。

三、子宫脱出

【病　因】 子宫的一部或全部翻转,脱出于阴道内或阴道外,称为子宫脱出。运动不足,饲养不好,胎儿过大,努责过强,用力拉出胎儿等易患本病。

【症　状】 子宫部分脱出时,母畜表现努责、举尾等。阴道检查时,可发现翻转的子宫角突出于子宫或阴道内。全脱出时,牛的脱出子宫呈淡红色,梨形,表面有肉阜。马的脱出子宫表面光滑呈袋状,常发生出血。猪的脱出子宫呈长袋状。脱出的子宫易发生水肿、干裂和坏死。

【治　疗】 子宫脱出时须及时用手术方法整复,控制炎症和预防感染。可酌情选用下列处方:

方1 白矾35克,花椒30克,石榴皮20克,加水3升煮沸半小时,滤出清液待冷,洗净子宫后托送入盆腔,慢慢牵遛,防止卧地努责,不上高坡,不拴斜坡,停止使役,喂富有营养易消化的草料。

方 2　丁香 70 克研末，沸水适量冲调，母牛子宫整复后 1 次灌服。

方 3　大枣 250 克，升麻 50 克，枳壳 60 克，炙黄芪 250 克，将大枣去核剪碎，其余研末，混合，沸水适量冲调。牛 1 次灌服，羊、猪用此量的 1/5。治气虚子宫脱出。

方 4　蛤粉 35 克，雄黄 25 克，乳香 12 克，薄荷 5 克，共研细末，用熟猪油调成软膏，在子宫糜烂处涂敷，每日 1 次。

方 5　五倍子研末，麻油调成稀糊，用消毒棉蘸药后，塞于阴道穹隆处。可利湿清热消肿缩宫。

方 6　鲜金樱子根 150 克（干的 70 克），用水 2 升，煎汁 300～350 毫升，加糯米酒 150 毫升混合。羊每日 1 剂灌服，大畜可服此量的 4～5 倍。脱出早期有固收胞宫作用。

方 7　枳壳 100 克，煎汁适量，一半熏洗脱出的子宫，另一半加白糖 50 克，羊 1 次灌服。大畜用此量的 3～4 倍。

方 8　棉花籽（醋炒去壳研末）15 克，棉花壳（烧存性研末）5克，糯米酒 60 克，调匀。羊 1 次灌服，其他家畜用量可酌情增减。有温肾补虚固脱及止血作用。

方 9　鲜竹根 30 克，糯稻根 100 克，煎汁适量。羊每日分 2次灌服。

方 10　山药 150 克（切碎），益智仁 20 克（研末），加水适量煮沸 20 分钟，加糯米醪糟半碗，调匀候温。羊 1 次灌服。

方 11　升麻 15 克，黄芪 20 克，煎汁适量。猪 1 次灌服。

方 12　莲房（烧存性）55 克，炒荆芥 35 克，共研末，沸水冲调。大畜每日早、晚各 1 次灌服。有固脱逐淤和止血作用。

方 13　艾叶 20 克，煎汁冲调鸡蛋 3 个，加红糖 30 克。羊隔日 1 剂灌服，大畜用 5 倍量。

方 14　金樱子 35 克，石榴根皮 20 克，益母草 25 克，煎汁适量。羊 1 次灌服，大畜用 3～4 倍量。治创伤血瘀子宫滑脱。

方 15 黑豆 200 克,何首乌、木瓜各 50 克,共研细末,加水适量煎沸候温。大畜每日早、晚各服 1 剂,猪用此量的 1/5。治肾胞气虚脱垂。

方 16 黄芪 80 克,糯米 200 克,共研末,猪膀胱 1 个切碎,另用桑螵蛸(别名螳螂子、刀螂窝)65 克水煎滤汁,用此汁煎前三药数沸,候温。大畜 1 次灌服,猪、羊用此量的 1/5～1/3。治中下焦气虚脱宫。

方 17 乌龟(去壳)1 只,刺猬皮 35 克,赤小豆 25 克,共捣碎烂,加水适量煮熟。连汤带渣给猪 1 次灌服。能促进子宫收缩。

方 18 红鸡冠花根 35 克,小茴香根 65 克,共煎汁适量。羊 1 次灌服。祛寒缩宫。

方 19 干茄子、茄蒂各 100 克,鳖头 3 个,共煎汁适量。羊每日 1 剂灌服。能清热活血、消肿缩宫。

方 20 干莲房 8 个,大蒜 40 克,蛇床子 30 克,五倍子 30 克,食醋水各半,煎汤 1 盆。熏洗脱出的子宫,每日 1～2 次。

方 21 白矾 30 克,地肤子、石榴皮各 35 克,花椒 10 克,煎汤熏洗脱出的子宫,每日 1～3 次。

方 22 田螺肉 2 千克,用麻油适量炒熟。分 2 次喂食。治猴子宫脱出,有清热消肿收脱作用。

方 23 红花 35 克,煎汤适量,加白酒 35 毫升。给猴子调入食物服用。有活血缩宫作用。

方 24 苦豆子根 15 克,枯矾 5 克,煎汁半盆,对脱出子宫先熏后洗,每日 1 剂;再用五倍子 3 个,荷叶蒂(烧灰存性)5 个,冰片 1 克,共研细末撒患处。治羊、猪脱宫流白带。

方 25 升麻 15 克,黄芪 35 克,煎汁适量,羊、猪 1 次灌服。治气虚脱宫。

方 26 蓖麻子 50 个,捣碎,用醋调成糊状,贴在母马头上通天穴处(在额部、两眼窝正中间连线的中点上 1 穴)。宫缩回后,立刻将头上药糊洗去。

方 27　大田螺数个去盖取出肉捣碎,加入 1‰～5‰ 的冰片末调匀,先用消毒针刺破血瘀水肿严重的组织,流出适量血水,然后涂上田螺肉。治猪子宫脱出肿硬疼痛不能缩回。

方 28　枳实或枳壳 100～150 克,益母草 250～500 克,红糖450 克。上药煎汤 3 次,每次加红糖 150 克,每日 1 次,分 3 日灌服。治母畜子宫脱、阴道脱、肛脱、产后子宫出血及子宫复旧不全。

方 29　棉花根 50 克,枳壳 10 克,麦冬 20 克。共研细末,水煎 30 分钟,大畜候温灌服。

方 30　白矾 100 克,蓖麻叶适量,加水 2.5 升煮沸,待白矾完全溶解,候温以此汁洗净子宫,用拳头顶在脱出的子宫角上,徐徐地推入子宫内复位。用于大畜。

方 31　地榆、槐角各 20～30 克,升麻、柴胡各 15～25 克,大畜煎汁内服。用槐角、苦参各 20 克,白矾 15 克,煎汁熏洗子宫。

方 32　鱼骨(鲤鱼骨最好,烧灰存性)10 克。调花生油适量,涂擦脱出部分。

方 33　花椒 60 克加水 2.5 升,熬 20 分钟过滤,候温至 40℃,将脱出子宫泡于花椒水中反复浇淋轻洗,即显收缩反应,顺势推送归位,冰片 5 克研细抹于内壁。用于大畜。

方 34　田螺 200 克,捣烂取汁,白矾 5 克研细末,与芝麻油 30克混合。将脱出部分用 0.1‰ 高锰酸钾水洗净,涂上药后整复,阴门做简单缝合。用于大畜。

四、胎衣不下

各种家畜正常分娩后自行排出胎衣的时间:马约 40 分钟(5～90 分钟),牛不超过 12 小时(一般 4～6 小时),猪为 10～60 分钟,山羊约 2.5 小时,绵羊约 4 小时。超过上述时间胎衣仍不排出,即可认为胎衣不下。

【病　因】　妊娠期运动不足,饲料里缺钙及其他矿物质或过肥、过瘦、双胎,胎水过多,胎儿过大,造成子宫收缩不够。子宫炎,布鲁氏菌病引起的绒毛膜和子宫黏膜粘连。

【症　状】　胎衣完全不下时,可见到从阴门垂出的胎衣;部分胎衣不下时,可检查排出胎衣的完整性。马可向胎衣内注水检查胎衣有无破损,并看破裂处血管是否吻合,若不相吻合,或经阴道检查子宫腔发现残留胎衣,即可确定。若残留在子宫内的胎衣腐败分解,则病畜常弓腰努责,从阴道排出脓性恶臭的分泌物,体温升高。尤其是马全身症状重剧,易引起败血症。

【治　疗】　主要是促进子宫收缩,使胎衣排出。必要时可施行手术剥离。下列处方可供酌情选用:

方1　白糖300~500克,加水适量化开。大畜1次灌服,羊、猪可用此量的1/5。

方2　大葱适量捣烂,加适量蜂蜜拌匀,敷贴脐部。如15分钟后未见效,可如法再贴。

方3　蛇蜕15克揉碎加水。大畜1次灌服,猪、羊可用3克。

方4　鲜益母草、鲜马鞭草、樱桃树枝各250克,当归65克,煎汁适量,加红糖250克。牛1次灌服。

方5　胡萝卜缨5千克,缓缓饲喂病牛。

方6　朴硝50克,当归55克,煎汁适量,加白酒150毫升。给牛1次灌服。治血瘀性胎衣不下、胀痛不安。

方7　南瓜蒂500克,艾叶50克,红花30克,煎汁适量,加白酒150毫升。牛1次灌服。

方8　车前子、益母草各45克,研末,沸水冲调,加白酒250毫升。牛1次灌服。治子宫血瘀水肿胎衣滞留。

方9　鸡蛋10个,食醋250毫升,混合。大畜1次灌服,小畜酌减。

方10　生蒲黄、五灵脂(酒炒)各250克,共研末,沸水冲调。

牛分 3 日服完。

方 11　榆树根白皮 45 克,荷叶 40 克,王不留行 35 克,共研末,沸水冲调。牛每日 1 次灌服,连服 2 天。

方 12　榆树皮 100 克,胡麻子 250 克(盐炒),共研末,大畜 1 次沸水冲调灌服。

方 13　胡麻油 150 毫升,青盐 35 克,加水适量煎 1 小时,候温。牛 1 次灌服。治胎衣不下或缺乳。

方 14　黑豆、菊花、益母草各 65 克,艾叶 35 克,蒲黄 30 克,红糖 160 克,共研末,沸水冲调。马 1 次灌服。治虚寒淤滞。

方 15　车前子 40 克,煎汁适量,加白酒 150 毫升。牛 1 次灌服后借助重力促使胎衣脱落。

方 16　鳖甲 1 个(约 40 克左右),焙焦存性研末,加黄酒 30～50 毫升,沸水适量冲调。羊 1 次灌服,马、牛用此量的 4～5 倍。治气血瘀滞胎衣不下。

方 17　急性子(别名凤仙花、指甲花、凤仙子,茎称透骨草,子称急性子)、当归各 15 克,血余炭 10 克,龟板 20 克,共煎汁适量。羊或猪 1 次灌服,大畜用此量的 4～5 倍。能活血瘀促进排衣。

方 18　鲜荷叶 1 千克,煎汁适量,加红糖 500 克。牛、马 1 次灌服,中小畜用量酌减。有清热补虚催胎衣作用。

方 19　向日葵盘 150 克,益母草 100 克,煎汁适量。牛 1 次灌服,祛淤消肿止痛催衣。

方 20　刀豆荚 100～120 克,煎汁适量。马 1 次灌服,中小母畜酌减。行气催衣。

方 21　黄芪、益母草各 100 克,车前子 200 克,上药煎汤,候温加黄酒 200 毫升。大畜 1 次投服。

方 22　川牛膝 50 克,冬瓜子 500 克捣烂,共煎汁,候温牛 1 次灌服。

方 23　天山雪莲 5 个(干品),加常水 2.5 升,煎至 2 升,去渣候温,牛1次灌服。

　　方24　车前子200～500克炒至鼓起,用沸水冲调,加冷水适量,白酒为引,大畜候温灌服。

　　方25　鲜芡实(别名鸡头实)3～5个,擂烂如泥,加温水适量。牛1次灌服。

　　方26　南瓜瓤500～800克,红糖250克,合煎煮沸15分钟,候温加白酒200毫升,牛1次灌服,每日早、晚各1次。

　　方27　益母草100克,卷柏100～150克。共为末,沸水调,候温大牛1次灌服。

　　方28　生蒲黄150～200克,研末加水,大牛1次灌服。

　　方29　斑蝥(别名龙尾、羊米虫、章瓦,属剧毒药)0.3～0.6克,装入棕色瓶内,倒入适量的白酒浸泡备用。治疗时,将虫体取出放入瓦片或锅内烘干(色黄为度),去头、翅和足后研成粉,加白酒100～200毫升,牛1次灌服。每头患牛根据体重、强弱掌握药量,一般用药6～7小时后胎衣排出。

　　方30　羊耳血200毫升,采后立即给牛灌服。

　　方31　取塘底泥(天热时取井底泥)500～1 000克,倒在患畜百会穴(腰椎与荐椎结合部的凹陷处)。随后家畜出现不安、喜欢运动,经30～60分钟,胎衣脱落。

　　方32　草木灰500～1500克。用沸水0.5～1升调成糊状,其热度约50℃,不要烫伤皮肤,贴敷在百会穴和会阴处,约1小时,胎衣即可顺利排出。

　　方33　大葱白、蜂蜜各100克,共捣为泥状,敷母牛脐部,用布兜起来。

　　方34　冬葵(别名茴菜、奇菜)全草300克,捣碎加米酒200毫升调匀,大牛1次灌服。

　　方35　天花粉150克,煎汁。大畜1次灌服。

　　方36　全当归150～200克,川芎75～100克,加水煎汁。大牛 1 次灌服。

方 37　益母草 500 克,桃仁 100 克,加水煎汁去渣,加红糖 200 克,候温,牛 1 次灌服。

方 38　蛇蜕。大畜 15 克,猪、羊 5 克,研末加水灌服。

方 39　花椒 50 克,以 3 升常水煎熬花椒至 2 升,除渣,冲调红糖 500 克,1 次灌服。

方 40　人头发 25 克,棕 100 克,共烧灰,用凉开水 1 升给牛调服。

方 41　益母草 120 克,五月艾、大蒜梗各 100 克。煎汁 500 毫升。大牛 1 次灌服,猪减量。

方 42　牛膝 6 克,芒硝、滑石各 12 克。煎汤候温,猪、羊 1 次灌服。

方 43　病牛站立保定,选一直径 2 厘米、长 30 厘米木棍,将外露胎衣缠绕在木棍上,并用细绳扎紧,而后两手分别握木棍两端,开始向一个方向捻转,与此同时,将胎衣缓缓向外拉,边拉边转,即可分离胎衣。1 次不成时,隔 2～3 日重复 1 次。

五、乳房炎(乳痈)

【病　因】　乳房炎多见于乳牛。通常是由病原微生物侵入所引起的。病原菌有链球菌、葡萄球菌、大肠杆菌等。挤奶方法不当造成乳头黏膜损伤,褥草不及时更换,挤奶前不洗净乳房或挤奶员的手不干净,生殖器官的脓液污染乳头,以及病牛、健牛一起饲养等。

【症　状】　常发于 1 个或 2 个乳腺。急性者发生很快,乳腺肿胀疼痛,泌乳减少或停止。乳汁呈黄色或粉红色,化脓性乳房炎有脓汁流出;触诊患部发热,疼痛变硬。病畜体温稍增高,食欲减少。有些临床症状发展很慢,但是乳汁却很快发生变化。

【治　疗】　中草药治疗可选用下列处方:

方1 蒲公英3份,羌活1份。研末,油调匀敷患部,外用纱布和胶布固定,2～3日换药1次,共用2～3次。

方2 新鲜蒲公英500克,鲜萱草根(别名黄花菜根、金针漏芦果菜、地人参)100～200克或通草30克,共捣碎,沸水冲调,候温。大畜1次灌服,中小畜酌减。清热消炎解毒消肿通乳。还可以鲜蒲公英作饲料。

方3 蒲公英65克,连翘60克,金银花35克,共研末。混入猪饲料中饲喂。有消肿降温止疼作用。

方4 金银花35克,蒲公英120克,王不留行35克,共研末,沸水冲成稀糊。猪每日喂1次,连喂4次,马、牛用此量的3～4倍。有消炎通乳作用。

方5 瓜蒌120克,露蜂房25克,土贝母20克,煎汁适量。马1次灌服。

方6 白芷、土贝母各15克,天花粉10克,共研末,沸水冲调。羊1次灌服,大畜用此量的3～5倍。

方7 露蜂房35克,蒲公英500克,紫花地丁100克,共研末,沸水冲调。牛1次灌服,中小畜酌减。

方8 南瓜藤100克,天花粉90克,通草20克,共煎汁适量。牛1次灌服,中小畜酌减。

方9 雄黄65克,樟脑60克,冰片7克,共研细末。用熟猪油配成20%软膏,取膏适量贴于乳房患部。

方10 鹿角霜35克,蒲公英40克,皂角刺20克,煎汁适量,加入黄酒30毫升。羊1次灌服,药渣捣细,外敷乳房肿痛部。治乳房肿痛,乳汁不出。

方11 马齿苋70克,赤小豆60克,冬瓜皮50克,煎汁适量。猪、羊1次灌服,另用马齿苋、赤小豆各适量捣烂敷患部。

方12 三颗针皮20克,萱草根25克,煎汁适量。猪1次灌服,另用鲜萱草根适量捣烂敷于乳房肿痛部,干即更换。治乳痈硬肿热疼、乳汁不通。

方13　丝瓜络50克,野菊花30克,大蓟25克,煎汁适量。羊1次灌服。

方14　葛根40克,苦参35克,炮山甲50克,共研细末,沸水冲调。驴每日1剂灌服,药渣加生葱150克捣烂敷于患部。治乳房硬肿发热。

方15　每日灌服自己的奶300毫升,用20%食盐水温敷乳房,每日3次。治母马乳房肿硬初期。局部增温的用大黄末100克,加4～6个鸡蛋的蛋清调膏外敷。

方16　鲜菊花根茎叶150克,煎汁适量。羊每日分2次灌服,药渣捣烂敷乳房肿痛部。

方17　珍珠菜(别名红头绳、矮荷树、扯根菜、虎尾)25克,黄芩20克,夏枯草15克,煎汁适量,羊1次灌服,药渣加葱150克捣烂贴乳房。

方18　万年青根150克,捣碎,贴乳房肿部。

方19　鲜仙人掌(去刺)捣烂。贴乳房肿部,干即更换。

方20　梨树叶熬膏,贴乳房肿硬部。

方21　牛蒡子叶35克,水煎。羊1次灌服,大畜服此量的3～5倍。治乳房热肿。

方22　蒲公英、忍冬藤,猪各用60克,牛各用120克,水煎,加白酒30～50毫升,每日灌服1剂,连服2～3剂。

方23　橘核15克,捣烂煎汁适量。猪每日1次灌服。

方24　紫花地丁35克,板蓝根20克,炙甘草10克,煎汁适量。羊1次灌服,大畜用此量的3～5倍。

方25　漏芦(别名野兰、荚蒿、独花山牛蒡)20克,瓜蒌25克,土贝母20克,煎汁适量。羊每日1次灌服,大畜用此量的4～5倍。治乳房肿硬疼痛、乳汁不下。

方26　慈姑20克,胡桃肉80克,共捣烂,沸水冲调。猪1次灌服。

方 27　香附(研末)15 克,生蒲黄 20 克,沸水冲调。羊 1 次灌服。治乳痈肿痛。

方 28　刘寄奴 50 克,白凤仙花全草 20 克,煎汁适量。羊 1 次灌服。

方 29　葱白 500 克,捣烂拧汁,加白酒 40 毫升。羊每日 1 次灌服,大畜用 3~5 倍量。外用麦芽煎汤温浴乳房。

方 30　芫荽 250 克,捣烂拧汁,加白酒 50 毫升。猪 1 次灌服。治乳房肿硬初期轻症。

方 31　干蚯蚓 15 克,生花生仁 70 克,共研末,加白酒 35 毫升,沸水适量冲调。羊每日 1 剂灌服,大畜用此量的 5~6 倍。治乳痈红肿发热。

方 32　金樱子根适量,煎汤熏洗乳房;再用鲜金樱子叶适量,捣烂贴敷患部,每日 1 次。治乳痈肿痛。

方 33　鲜韭菜沸水泡后捣烂敷患部。

方 34　枸杞叶、醋糟等量,共捣如泥,敷贴于患部。

方 35　马齿苋 500 克,白矾 30 克,共捣烂,加醋调敷患部。

方 36　油菜叶适量,捣泥敷乳房肿部。

方 37　生烟叶或羌活适量,捣泥醋调敷乳痈处。

方 38　生松香研末或新鲜芙蓉花捣碎,白酒调敷乳痈。

方 39　鲜南瓜叶 150 克,黄柏 40 克,共捣烂加蜂蜜适量调敷乳房红肿部。

方 40　贯众适量研末,白酒调糊。遍涂乳痈肿处;已溃者只涂疮口周围。

方 41　露蜂房(炒存性)250 克,桑木炭(研末)500 克,五倍子(炒黑存性)250 克,混合研细,用麻油适量熬浓,调上述药末敷患部,每日换药 1 次。治乳痈溃烂,日久不愈。

方 42　松针、柏叶各适量,烧存性研末,净蜂蜜调敷患部。治乳痈溃烂。

方43　凤仙花全草（切碎）35克，糠谷老30克，鸡蛋8个，用麻油250毫升炸枯，去渣。每次用适量涂于患部，每日换1次。治乳痈溃烂日久。

方44　食醋1.5升，食盐适量。混合煎沸，药液控制40℃左右，患部热敷，每日数次，直至病愈。

方45　蒲公英2份，仙人掌1份，捣烂外敷或水煎外洗，必要时可以内服。药量按患畜体质、炎症轻重决定。

方46　香附120克，木通60克，均研末，奶牛、奶山羊沸水调服。

方47　大青叶100克，王不留行50克，石膏100克。共为细末，沸水调服。治奶牛隐性乳房炎。

方48　油菜籽250克，拌饲料喂。奶牛隔日1剂，3剂为1个疗程。

方49　马蹄壳1个风干，磨滑表面。治疗时用火加热马蹄壳（40℃左右，手感热度能耐受）热敷乳房患部，冷了再加热，反复进行，每日早、晚各1次，每次15分钟左右，连续2日。

方50　蒲公英、紫花地丁各500克。鲜药捣绒挤汁，加白酒适量，加温每日1剂内服，连用3剂。渣对白矾少许敷患处。

方51　苍耳子100～200克，煎汁0.5升，加红糖250克，候温喂服。治猪急性乳房炎。

方52　蒲公英32克，煎汁内服，同时将蒲公英捣烂涂患处。治兔乳房炎。

方53　茄子把或南瓜蒂1～2个，烧成灰，给兔分4次服，2日1次，用白酒2毫升冲服。

方54　煅石膏80克，黄柏粉500克，加淀粉用凉开水调（乳房炎后期可用油调）成糊状，分次敷兔乳房肿胀处。

方55　山海螺适量加水煎服，同时捣汁涂患处。治兔乳房炎。

方56　花椒水洗患处。治兔乳房炎。

六、不 孕 症

【病　因】　母畜暂时或永久不能繁殖,称不孕症。主要是生殖器官疾病或生理上的缺陷,有慢性疾病,机体极度衰弱,或饲养管理不善及使役不合理,配种不当等所引起。

【症　状】　母畜发情不明显,性周期延长甚至不发情,或发情正常,但屡配不孕。

【治　疗】　中草药防治可选用下列处方:

方1　胎衣数个烘干研末,每次取25～30克,加水适量,白酒65毫升。猪每日1次灌服。

方2　益母草100克,煎汁适量,调入荞麦面500克。大畜1次灌服,每日1次。

方3　淫羊藿40克,龟板、鳖甲各20克,水煎汁适量。牛每日1剂灌服,连服1周。

方4　红曲100克,狗头骨(烧存性)60克,小茴香20克,共研末,用益母草120克煎汁适量冲调。牛1次灌服。

方5　淫羊藿35克,韭菜子40克,枸杞子20克,丁香25克,肉苁蓉30克,共煎汁适量。牛1次灌服。

方6　硫磺6克,鸡蛋5个,温水适量调匀。猪1次灌服,在发情前连服数天。

方7　桃树叶2.5千克,煎汁适量。大畜分2次灌服,每日1次。治肥胖不孕。

方8　狗脑子(焙干)1个,小茴香35克,共研末,老葱根(切碎),黄酒150毫升,沸水适量调匀。大畜1次灌服。

方9　熟地100克,当归45克,白芍40克,山萸肉35克,共捣碎沸水适量冲调。大畜每日1剂灌服。

方 10　败酱草 30 克,三颗针皮 25 克,茵陈蒿 20 克,煎汁适量。羊 1 次灌服。治子宫湿热不孕。

方 11　红花 15 克,金樱子 20 克,淫羊藿 30 克,共研末,加白酒 45 毫升。羊 1 次灌服,配种前半月每日 1 剂。治子宫气虚不孕。

方 12　经产母猪劁下的卵巢(焙存性)研末,每次 3～5 克,用艾叶 20 克煎汁冲调。猪、羊 1 次灌服,配种前半月每日 1 剂。治虚寒不孕。

方 13　蚕砂 12～36 克,生姜 12～46 克,煎汁内服。治各种动物不孕。

方 14　枸杞子 100 克,菟丝子 80 克,五味子 35 克,覆盆子 45 克,车前子 40 克,共研末。种公畜每日 1 剂灌服。公马、牛配种前连服半月。治公畜髓少精虚不孕。

七、无乳及泌乳不足

【病　因】　乳腺发育不全,激素腺体的功能紊乱,断奶过迟,奶未挤净,饲料不足,劳役过重。患有热性传染病时,母畜年龄幼小,过早妊娠等均可引起本病发生。

【症　状】　主要症状是乳房没有乳汁的分泌。属于性发育不全的,一般乳房很小,柔软无乳汁分泌。肥胖母畜乳房虽小,也无乳汁分泌。

【治　疗】　中草药治疗可选用下列处方:

方 1　生南瓜子 150 克,捣烂如泥,加白糖 300 克,温开水冲服,牛每日 1 剂,连服 3～5 天。

方 2　豆腐 1.5 千克,红糖 250 克,米酒 150 毫升。加水煮沸。马每日 1 次喂服。连喂 5 日。

方 3　小米 500 克,王不留行 35 克,熬粥,供畜自食。

方 4　川续断 50 克,生南瓜子 100 克,甘草 65 克,共研末,另用猪蹄 2 个熬汤适量冲调。马 1 次灌服,中小畜酌减。

方 5　茯苓 20 克,通草 15 克,党参 40 克,共煎汁适量。羊、猪产后每日 1 剂灌服,至乳多为止。

方 6　王不留行 20 克,炮穿山甲 15 克,研末,用鲫鱼 250 克煮汤适量调药。羊、猪产后每日 1 剂灌服,连服 7 天。大畜用此量的 5～6 倍。

方 7　赤小豆 250 克,糯米、白糖各 150 克,加水煮成稀粥。羊每日 1 剂灌服,产后连服 10 天,大畜用此量的 3～5 倍。

方 8　生莜麦面 150 克,黑芝麻 20 克,玉米须 40 克,加水熬粥。羊每日 1 剂灌服,连服 7 天。

方 9　生花生仁 65 克,干地龙 10 克,共研末,用益母草 100 克煎汁冲调。羊 1 次灌服,大畜服此量的 3～5 倍。

方 10　南瓜子仁(研末)200 克,加鸡蛋 8 个,温水适量调匀。马产后每日 1 剂灌服,中小畜酌减,骆驼加倍。

方 11　结籽老莴苣(别名莴笋)5～8 个,切碎加水适量煮熟,加白糖 150 克。连渣给驴 1 次灌服,牛用此量的 2 倍。

方 12　葫芦巴(别名苦豆、芦芭子、芦肥子)15 克,丝瓜 70 克,黄芪 50 克,煎汁适量。猪 1 次灌服。

方 13　生黄芪 400 克,木通 200 克。上药煨猪蹄 1 只至猪蹄熟烂,以汤汁喂服。牛、马每次喂 1.5 升,每日 2 次,连喂 3 剂。

方 14　黄豆加水煮熟后,加红糖适量,候温饮喂,按家畜酌量,每日 1 次,连用数天。

方 15　鲜蒲公英 1.5～2.5 千克。洗净切碎喂奶牛,每日 1 次,连喂 10 天。

方 16　党参 50～150 克,通草 30～100 克。煎汁加甜酒适量,给牛、猪灌服。

方 17　生花生仁 500 克,捣碎磨浆,大畜 1 次内服。

方 18　天仙子(别名牙疼子、发狂草、山茄、莨菪子)2～6 克,装入 1 个猪膀胱中,另加鸡蛋 9 个共煮。弃去天仙子和膀胱,鸡蛋和汤饮喂母猪。

方 19　贝母、知母、牡蛎各等份,共为细末。大畜每服 100 克,小畜每服 10 克,用猪蹄 1～2 个熬汤调服。

方 20　将母猪 1 胎产仔的胎衣洗净煮熟,加少量食盐拌精料,喂缺乳母猪。

方 21　鲜虾 250 克捣烂,鲜无花果(别名蜜果、奶浆果、映日果)200 克,甜酒 200 毫升,加水共煮。分 2 次喂猪,每日 2 次,连服 2～3 天。

方 22　葵花盘 130 克,黄豆 250 克,加水 3 升,煮 1 小时后去葵花盘,用汤和黄豆喂猪。

方 23　猪蹄 2 只,加水炖烂后加入鲜无花果 100 克或通草 10 克,鲜王不留行 200 克(干品用量 1/4),再用微火煨半小时。猪 1 次服用。

方 24　猪蹄 1～4 只粗切,加水 2 升煎煮至 0.5 升,和等量或加倍量豆浆 1 次内服。治各种家畜缺乳。

方 25　莱菔子、黄豆各 500 克,加水煮熟拌食喂猪。

八、睾丸炎

【病　因】　睾丸炎是睾丸实质的炎症,因睾丸和附睾紧密相连,所以二者常同时发病。常由外伤引起,也可继发于腺疫、副伤寒、布鲁氏菌病、结核病等的经过中。

【症　状】　急性者肿胀明显,局部较硬,有热痛。病畜精神不振,严重者体温升高,化脓性者可有局部波动,破溃时流脓,往往形成瘘管,此时精神沉郁,食欲减损。由于睾丸发炎肿胀疼痛,病畜两后肢叉开,不愿行走,或后肢跛行。慢性者睾丸呈硬固性肿胀,疼痛不明显,无热。

【治　疗】　中草药可选用下列处方:

方1　老丝瓜100克,橘核60克,小茴香55克,水煎2次混合约1.5升,加白酒100毫升,大畜每日1次灌服。药渣加葱根50克,蒜瓣子50克,花椒15克,大黄(打碎)100克,煎汁1盆,每日早、晚各洗阴囊20～30分钟,患部发热的将药液晾凉洗,患部发凉的将药液温至40℃洗。

方2　萹蓄70克,地肤子80克,玉米须30克,荔枝核60克,共研细末,沸水冲调。大畜1次灌服,中小畜酌减。治阴囊软肿。

方3　葫芦壳50克,槐实35克,大茴香(炒焦)10克,共研细末,加水适量煎15分钟,羊1次灌服。另用槐枝200克,葱头200克,煎汁温洗患部,每日1～2次。治睾丸或阴囊肿痛。

方4　鲜马齿苋700克,鲜车前草500克,煎汤适量,调入葫芦巴(醋炒研末)60克,加白酒100毫升。大畜每日1剂灌服;药渣加白矾50克煎汁温洗患部,每日1～2次,5日为1个疗程。治睾丸肿胀,柔软不发热。

方5　橘核10克,槐花5克,食盐1.5克,共研细末,加白酒60毫升,沸水冲调。羊、猪1次灌服,连服5天为1个疗程,大畜用5～8倍量。治精索或睾丸硬肿疼痛。

方6　淡豆豉15克,石菖蒲20克,共炒焦研末,加红糖35克,白酒60毫升,沸水适量调匀。羊、猪1次灌服,连服5天为1个疗程,大畜用此量的5倍。治睾丸肿胀偏坠疼痛。

方7　茄子蒂20个,菊花根50～100克,共煎汁1.5升,加白酒100毫升。大畜1次灌服,视病情轻重每日1～2次,连服至愈。药渣温敷阴囊。治阴囊睾丸肿痛或下坠。

方8　羊角(炭火炙脆研末)20克,鱼鳔(别名鱼泡)10个,用微火焙干研末,红糖15克,共同加水适量。羊、猪1次灌服。治睾丸肿痛,比正常稍硬,微热或不发热。

方9　小茴香、葫芦巴各15克,桃仁12克,共研末,加白酒20毫升,沸水适量调匀。猪、羊每日1次,连服5天为1个疗程。治阴囊睾丸冷肿疼痛,行走不便。

方10　向日葵秆芯5克,地肤子10克,赤小豆30克,共同焙干研末,沸水适量调匀。猪、羊1次灌服,每日1～2次,5日为1个疗程,大畜用此量的5～7倍。治精索和阴囊软肿,疼痛无热。

方11　椿树根皮(焙干)15克,大茴香5克,陈醋炒樱桃核15克,共研末,沸水适量冲调。猪、羊1次灌服,每日1～2次,5日为1个疗程,大畜用此量的5～7倍。治睾丸阴囊硬肿,疼痛无热。

方12　葫芦子5克,陈韭菜子、川楝子各10克,焙干共研末,沸水适量冲调。羊、猪1次灌服,每日1～2次,5日为1个疗程,大畜用5倍量。治精索肿痛下坠无热。

方13　桃仁15克,连根葱白25克,大黄10克,新鲜猪睾丸2个,共煎汁适量。猪、羊每日1次灌服,5日为1个疗程。治睾丸肿胀坚硬,局部热疼。

方14　黄药子10克,西瓜皮(晒干)35克,地龙(晒干)5～8克,共研末,沸水适量冲调。羊、猪1次灌服。治阴囊肿胀柔软,局部发热疼痛。

方15　向日葵盘1个,老韭菜500克,煎汁趁热熏阴囊,候温洗阴囊,每日熏洗1次。治阴囊睾丸肿胀疼痛,局部冷凉无热,不拘软硬。重者再用胡椒15克,生姜20克,鲜地骨皮100克,共同捣碎,加蜂蜜或麻油调敷肿处。

方16　葱根5份,花椒3份,苍耳子4份,白矾6份,共煎汁适量,加食醋25份,调匀候温,洗阴囊,每日1～2次。治各种公畜阴囊睾丸硬肿疼痛,局部温热。

方17　全蝎20克,大黄60克,共研末,沸水冲调,加黄酒60毫升。马1次灌服。治寒湿引起的慢性睾丸肿痛。

方18　葫芦子30克,瓜蒌40克,灯笼草(别名打卜草、泡泡草、打额泡)60克,共煎汁适量。马1次灌服,并用灯笼草煎汁熏洗阴囊,每日1次,5～7日为1个疗程。治受寒引起睾丸肿胀疼痛温热,不拘软硬。

方19 蜘蛛5～10个,肉桂15克,干姜5克,共同焙干研末,沸水适量冲调。羊1次灌服。治睾丸冷肿硬疼。重者并用此药研末麻油调敷患部。

方20 川楝子、茴香各90克,木香、吴茱萸各30克。共为末,沸水冲调,候温。马、牛1次灌服。

方21 热退后可用5%～10%食盐溶液,加热至40℃左右温敷患部。

九、阳 痿

【病 因】 公畜未到性欲衰退时,阴茎不能勃起或举而不坚,坚而不久的病症称为阳痿。多因配种过早或过度营养不良,劳役过度,闪伤腰肾,以及某些其他肾经疾病,导致本病。

【症 状】 病畜精神沉郁,体瘦毛焦,腰及后肢不灵活,见母畜兴奋欲交而阴茎不举,或举而不坚,或坚而不久,一举即射。

【治 疗】 暂停配种,减轻使役。可选用下列处方:

方1 生虾(晒干)100克,韭菜子60克,小茴香35克,共研末。大畜每日1剂沸水调灌,7日为1个疗程。

方2 淫羊藿20克,菟丝子15克,研末,打入麻雀蛋2个,沸水冲调。羊、猪1次灌服,大畜用此量的5～8倍,连服数剂。

方3 麻雀肉(焙干)30克,露蜂房20克,蛇床子15克,共研末,沸水冲调。羊、猪1次灌服,连服数剂。治阳痿不举,或举而不坚,不能交配。

方4 狗外肾(狗阴茎和睾丸,晾干)1个,制附子25克,淫羊藿100克,共研末,加黄酒50毫升,蜂蜜50克,沸水冲调。牛、马隔日1剂灌服,5剂为1个疗程,治疗期间停止配种。治阳痿不举,缺乏性欲。

方5 胎盘(同种家畜的胎盘,晾干)10克,锁阳25克,黄芪

20克,共研末,加白酒50毫升,沸水冲调。羊、猪1次灌服,或混饲喂服。每日1剂,7日为1个疗程。治气虚阳痿,乏神无力,不显性欲。

方6 羊外肾(别名羊睾丸晾干)2个,肉苁蓉(焙干)60克,韭菜、蛇床子各50克,共研末,加黄酒100毫升,沸水冲调。马隔日1剂灌服,5剂为1个疗程。治阳痿不举,遗精尿频,腰肢乏弱。

方7 蛤蚧1对,菟丝子、葱子、莱菔子各50克,研末,加白酒100毫升,沸水冲调。马1次灌服,连服7剂为1个疗程。治阳痿早泄,性欲不旺。

方8 枸杞子100克,蛇床子60克,雄蜻蜓25个,共煎汁适量。牛1次灌服。治气虚血少阳痿。

方9 全麻雀(去毛焙焦)5个,阳起石(煅碎)4克,共研末,加白酒30毫升,白米汤调冲。猪1次灌服,或混入饲料,隔日1次,5次为1个疗程。

方10 虾、刺猬皮各200克。炒黄,研末,各种家畜每服13～60克,每日1次。

方11 韭菜子2份,鸡内金1份。共研末,各种家畜每服12～60克,每日1次。

方12 将牛尾1条去毛。切碎,与当归20～60克研末,同锅水煮,加盐适量,1次灌服。适用各种家畜。

方13 菟丝子40～120克,细辛3～20克。水煎服。用于各种家畜。

方14 葫芦巴10～60克,巴戟天12～50克。水煎服,每日2次。用于各种家畜。

方15 核桃仁30～150克,枸杞子30～100克,覆盆子15～30克,竹叶6～20克。水煎服。用于各种家畜。

方16 大蒜20～60克捣烂,蜂蜜40～120克,白酒20～100毫升,加水适量灌服。用于各种家畜。

方 17　黄酒 50～200 毫升,苦瓜子(炒熟研末)15～100 克,灌服。用于各种家畜。

方 18　泥鳅(开膛洗净)200～600 克,大枣(去核)10～20 枚,生姜 2～8 片。加水共煮,以 2 碗水煮至剩一半即成,1 次灌服。用于各种家畜。

方 19　羊或其他动物睾丸 2～4 个切碎,骨头汤 500 毫升,姜、青盐适量灌服。用于各种家畜。

十、遗精(滑精)

【病　因】　遗精是指公畜未行交配而精液自行流失的疾病。多因配种过多,损伤肾阴;或营养不足,劳役过度,以致伤肾。肾阴虚而导致阳虚,精关不固而引起滑精之症。

【症　状】　种公畜狂叫不宁,见母畜急扑猛行,阴茎勃起,未交即泄或不时遗精。公牛阴茎不举,一见母牛精液自流。日久精神不振,逐渐消瘦。不耐使役,对环境的适应性及抗病力都减弱。口色淡白,脉象沉细。

【治　疗】　中草药防治可选用下列处方:

方 1　何首乌 100 克,海螵蛸 50 克,莲须 30 克,研末,沸水冲调。马每日 1 剂灌服,5 日为 1 个疗程。治气血亏虚,遗精滑精。

方 2　金樱子 50 克,淫羊藿 100 克,共研末,加白酒 100 毫升,沸水适量冲调。马每日 1 剂灌服,5 日为 1 个疗程。治体虚滑精早泄。

方 3　五味子 50 克,龙骨 100 克,研末,沸水冲调,候温,加鸡蛋 5 个,白酒 100 毫升混匀。牛、马每日 1 剂灌服,5 日为 1 个疗程。治滑精,烦躁乏神,腰腿无力。

方 4　无毛雏鸽 1 只,剖去肠胃,内放白胡椒 15 粒,焙焦研末,混入饲料饲喂,沸水调灌亦可,公猪体重 75 千克以上的服 2 只,75 千克以下的服 1 只。治寒虚滑精。

方5　刺猬皮(焙干黄)15克,黄酒30毫升,沸水冲调。公羊每日1～2次灌服,5日为1个疗程。治交配过度而滑精。

方6　鲜公鸡肝(或公鸡肝阴干研末)2个,肉桂(研末)10克,龙骨(研末)25克,共捣碎烂,沸水冲调候温。猪、羊1次灌服,或混饲料中喂,隔日1剂,5剂为1个疗程。治肝肾虚寒遗精早泄。

方7　黄柏15克,莲子50克,共研末,混入饲料中。公猪每日1次吃下,5日为1个疗程。治肾阴虚滑精,阴茎易勃起。

方8　糯稻米、荷叶各100克,芝麻20克,共研末。混饲料中喂。羊、猪每日1次吃下,5日为1个疗程。

方9　糯稻根200克,金樱子、白茅根、灯心草各60克,共煎汁适量,加白糖40克。公牛每日1剂灌服,5日为1个疗程。治肾阴亏虚,下焦湿热,滑精白浊。

方10　莲子100克,鸡内金40克,白芍50克,甘草60克,共研末,沸水冲调。马、牛每日1剂灌服,5日为1个疗程。治心脾肾气虚滑精。

方11　分心木(即核桃仁的木质中隔)45克,韭菜子50克,山药150克,共研末,沸水冲调候温。公驴每日1剂灌服,5日为1个疗程。治脾肾气虚滑精。

方12　菟丝子30～100克,各种家畜煎汁内服。

方13　柿蒂12～100克,枣仁24～50克,百合20～80克。各种家畜水煎服。

方14　藕节、荷叶、莲须各20～80克。各种家畜水煎服。

方15　丝瓜花6～40克,莲子30～100克。各种家畜水煎服。

方16　刺猬皮2个,甘草20克,共研末,每服5～30克。黄酒50～100毫升调服。用于各种家畜。

方17　石榴皮12～80克,五加皮10～60克,各种家畜水煎服。

方 18 扁豆叶 12～80 克,藕 100～300 克,各种家畜水煎服。

　　方 19 黑豆 30～200 克,青蒿 30～80 克,炒干研末,各种家畜内服。

　　方 20 油菜子 12～100 克,川楝子 15～50 克,共研末,各种家畜调服。

　　方 21 白果仁 12～70 克,研末,和鸡蛋 1～6 个。各种家畜内服。

　　方 22 韭菜子 30～100 克,焙干研末,沸水冲调加白酒 50～150 毫升灌服;或韭菜子 25～100 克,大米 50～200 克,研末沸水调服;或韭菜子 30～100 克,补骨脂 30～50 克,共研末,沸水调服。适用各种家畜。

　　方 23 核桃仁(研碎)60～150 克,红糖 50～150 克,白酒 50～100 毫升,加水适量。各种家畜调服。

　　方 24 荷叶 20～80 克(鲜品加倍),研末米汤调服。适合各种家畜。

　　方 25 芡实 20～50 克,莲子 20～80 克,大米 50～200 克,共研末,沸水调服。

　　方 26 羊外肾 1～4 个,羊鞭 1～2 条。切片焙干研末,各种家畜调服。

十一、阴茎麻痹(垂缕不收)

　　【病　因】 本病又叫阴茎不收。长期使役,劳累伤肾或配种过多,精气亏损或久卧潮湿地等。阴茎运动神经或阴茎牵引肌受挫,能继发本病。也可继发于血斑病或脊髓疾患的经过中。

　　【症　状】 阴茎脱出包皮之外,不能收回。有的排尿困难,但一般排尿正常。尿后阴茎不缩。有的包皮水肿。日久阴茎变为黑色或外结痂皮,重则坏疽。脉迟细,口色暗淡无光。为了确诊,要检查包皮、阴茎有无瘤体组织生长。若有伤痕,则为外伤所致。还要询问是否由于阉割感染所引起。

【治　疗】　可试用下列处方：

方 1　鲜金樱根 250 克，鲜松针 200 克，生枳壳 150 克，共水煎 2 次取汁 2.5～3 升，马每日早、晚各服一半，5 日为 1 个疗程；并外用花椒 50 克、白芷 65 克、防风 60 克煎汁熏洗阴茎，每日 2 次。治肾虚精亏感受风寒所致的阴茎不收。

方 2　当归尾 35 克，川楝子 60 克，水菖蒲根 100 克，鹿含草（别名潞安茶、鹿蹄草、破血丹）50 克，煎汁适量，马每日早、晚各服一半；另用葱白、白芷、花椒、薄荷、艾叶、防风各 60 克，煎汁熏洗阴茎，每日 2 次。治肝肾虚寒、气滞血瘀、阴茎麻痹。

方 3　升麻 25 克，续断 60 克，防风 30 克，红花 20 克，研末沸水冲调，驴每日 1 剂灌服；另用白芷、生姜各 20 克，艾叶、葱白各 30 克，捣碎用蜂蜜调成软膏敷于阴茎上一层，纱布包扎，敷药前先用温水洗净阴茎。上述方法 5 日为 1 个疗程。治交配过度受风所致的阴茎不收。

方 4　鳖头（焙干）5 个，党参 100 克，蛇肉（焙干）15 克，共研末，沸水冲调候温，马隔日 1 剂灌服；每日用防风、薄荷、艾叶、花椒各等份，煎汁熏洗阴茎。治肾脾虚寒受风所致的阴茎不收。

方 5　肉苁蓉 100 克，菟丝子 50 克，炒杜仲 35 克，黄芪 60 克，共研末，沸水冲调，加白酒 60 毫升，驴 1 次灌服；另用白矾 100 克、红花 300 克、薄荷 35 克，煎汁熏洗阴茎。治肝肾虚损、宗筋弛缓。

方 6　桃仁 25 克，红花、地龙各 30 克，土鳖虫 20 克，马钱子（油炸黄）2 克，共研末，沸水冲调，1 次灌服；外用葱根、蒜瓣、艾叶、花椒各 30 克，煎汁熏洗阴茎，每日早、晚各熏洗 1 次。治驴配种受风、血瘀阻络、阴茎不收。

方 7　脱垂部分用温水清洗净，除去痂皮。若过分肿大，用乱针刺流出血水后，涂抹辣酒液（辣椒 30 克，酒精 100 毫升浸泡 48 小时，临用时加温至 30℃～40℃）。每日 1 次，一般连用 2～3 次。

方8 田螺15～20个去壳取肉,加冰片2克,约半小时可取汁备用。临用时,先将患处用艾叶煎汁洗净,再涂米醋,然后用田螺冰片汁外涂,让其收缩复位,严重者可配合手术整复。

方9 鲜黄鳝皮1条,浸生菜油数分钟备用。阴茎常规消毒,用黄鳝皮包裹阴茎,便能充分滑润,使阴茎易还纳。

方10 荆芥150克煎汤,候温热敷患部,然后点燃艾叶烟熏,每日数次。

方11 鲜葱1～2份切碎,拌入蜂蜜4～6份,涂患部。

方12 用淡茶水将阴茎洗净后,将2份韭菜切细揉烂加蜂蜜1份拌匀,涂抹阴茎部,每日1次,连用2次。

第九章　传染病对症治疗土偏方

众所周知,各种家畜家禽传染病,特别是烈性传染病、法定传染病的预防、扑灭,必须坚持预防为主的方针,坚决贯彻《中华人民共和国动物防疫法》,靠现代防疫卫生手段实施。土偏方在群体兽疫防治方面,针对病原体的经验较少,这里仅介绍一些有治疗价值的非烈性传染病对症治疗的土偏方,应结合防疫卫生制度试用。

一、流行性感冒(流感)

【病　因】　流行性感冒由流行性感冒病毒引起。病毒经呼吸道传染,流行迅速,发病家畜的死亡率较低,但在病程中,影响产奶和使役。春初秋末气候骤变的低温,潮湿季节易发本病。

【症　状】　病情急剧,体温高达 40℃～42℃,结膜充血、肿胀,流眼泪,鼻流浆液,呼吸困难,肌肉酸疼,步态不稳或跛行。有的牛往往在病的后期瘫痪。

【治　疗】　隔离治疗,搞好场地、圈舍消毒,一般能自愈。大畜治疗可选用下列处方:

方 1　绿豆 500 克,鲜白茅根 2.5 千克,加水 50 升煎汤。牛 2 次饮用完。

方 2　绿豆 500 克,金银花 120 克,水煎汁。大畜 1 次灌服。

方 3　生姜 60～120 克,甘草 120 克,共为细末,加水 1 升,食醋 0.5 升。大畜 1 次灌服。

方 4　大葱 9 棵,黑豆 90 克,生姜 30 克,水煎汁。大畜 1 次灌服。

方 5　大蒜 5～8 头捣烂,用白酒 120 毫升调和,加温水 2.5 升,大畜 1 次灌服。

方 6　瓜蒌 2 个,捣碎煎汤。大畜 1 次灌服。

方7 苏叶 120 克,葱白、大蒜各 60 克,姜片 24 克,水煎汁。大畜 1 次灌服。

方8 大葱 250 克,白矾 30 克,捣碎混合,温水调匀。大畜 1 次灌服。泌乳期忌用。

方9 白矾 35 克研末,加 5～8 个鸡蛋的蛋清,用水调匀。大畜 1 次灌服。

方10 紫皮蒜 5 头,去皮捣为蒜泥,鲜姜 70 克,捣为姜泥,混合后用沸水冲调,大畜 1 次灌服。

方11 生姜 120 克,紫苏 100 克,葱白 7 根,茶叶 30 克。将上药加水 4 升,煎沸取液 3 升,候温牛 1 次灌服,每日 1 剂,连服 2 天。

方12 谷子 100～250 克,浮萍 70～150 克,黄蒿 100～200 克。共为细末,沸水调服。治各种家畜流感。

治猪流感选用以下各方:

方13 鸡蛋 1～2 个,取蛋清 1 次肌内注射。

方14 生姜 31 克,大蒜 62 克(捣烂),松针 120 克,水煎汁。每日服 2 次,连服 2 天,仔猪减半服。

方15 葱白 62 克,生姜 31 克,食盐 15 克,水煎汁。1 次灌服。

方16 贯众 32 克,水煎汁。分 2 次服。

方17 芫荽根 62 克,雄黄 6 克,葱白 62 克,生姜 3 片,水煎汁。白酒 62 克为引,1 次灌服。

方18 冰糖 120 克,谷子 250 克,大葱 3 根,水煎汁。1 次灌服。

二、马腺疫(喉骨胀)

【病 因】 马腺疫是马、骡、驴的一种急性传染病。临床特征是鼻腔黏膜和下颌淋巴结呈急性化脓性炎症,侵害幼畜,经消化道感染,多发生于春季,呈地方性流行。病原体是马腺疫链球菌。

【症　状】　本病多见于幼畜。发热,咳嗽,鼻流脓液,槽口生疙瘩,触之热痛,破溃后,流出黄脓液。重者槽口肿满,呼吸困难。

【治　疗】

方1　手术疗法:疙瘩(即下颌淋巴结)发软,里面已成脓,可切开脓肿,深度以达到疙瘩中心为度,排脓后,用酒冲洗。术后可将阿胶压碎与红糖以1∶2的比例混匀,撒入创口。

方2　活地龙50克,白糖120克,紫皮蒜100克,冰片6克,硼砂9克,共捣成膏,涂患部。

方3　白矾、雄黄、防风、生南星各等份,加冰片少许,共研末,用鸡蛋清调敷,干后再敷。

方4　银柴胡124克,三棵针93克,桑寄生155克,共研细末,用水调服。马、骡、驴1次93～124克,幼驹15～31克。

方5　荞麦或绿豆0.5～1千克,用水泡涨。马、骡、驴1次喂服,连喂数日,幼驹酌减。

方6　雄黄、白及、白蔹、龙骨、大黄各等份,共研末,食醋调外敷。

方7　黄柏50克,冰片少许,共研末,水调为粥状,涂患部。

三、破伤风(锁口风)

【病　因】　破伤风是一种经创伤感染的人兽共患的中毒性传染病。病原体是破伤风梭菌。

【症　状】　病初个别肌肉或肌群痉挛,表现耳眼不灵活,咀嚼、吞咽异常,逐渐发展到全身肌肉强直,行动僵硬,耳竖尾直,形似木马,牙关紧闭,吞咽障碍,呼吸困难而鼻孔张大,稍受惊扰即兴奋不安,全身颤抖,甚至汗出如油。多在数日内衰竭,窒息而死。

【治　疗】　可在伤口消毒处理后选用下列处方:

方1　大蒜1份,70%～95%酒精1份,混合密封浸泡15～30

日,先用纱布滤去渣,然后用滤纸过滤,瓶装密封备用。大畜肌内注射 30～50 毫升。

方 2 取土蜂窝 62 克加水 1 大碗,煎至半碗去渣灌服;如果牙关紧闭,剂量加倍。大畜 1 次灌服。

方 3 威灵仙 90 克,大蒜(独头蒜更好)248 克,食油 60 克,同捣烂,热酒冲服,牛每日 1 剂,3～6 剂为 1 个疗程。

方 4 公驴蹄心焙成黄色,压成面,每次 30 克,以黄酒 120 毫升为引,大畜 1 次冲服,服药后发汗。

方 5 雄黄、川乌各 30 克,压面,沸水冲调候温。大畜每日 1 剂灌服,3 日后可隔日 1 剂。创口配合防风 10 克,天南星 10 克,研细,以白酒调敷。

方 6 刺猬(烧炭存性)15 克,蝉蜕 10 克,穿山甲(炙黄)15 克,熟附片 30 克,共加水煎 2 小时,得汁 500 毫升。猪 100～150 毫升,羊 100 毫升,马、牛 500 毫升,1 次灌服。

方 7 葛根、乌蛇各 120 克,鸽子粪 250 克(焙)。共研末,分 3 次沸水冲调,候温灌服。用于大畜。

方 8 蝉蜕研细末,大畜 200～300 克,小畜 50～100 克,分别加黄酒 300～500 毫升和 100 毫升,与热水混匀灌服。

方 9 槐米、蝉蜕、红糖各 60 克,黄酒 400 毫升,沸水冲调,驴 1 次灌服。

方 10 地龙、败酱草叶各等份。小牛每日用 150～200 克;中等体重牛 250～400 克;成年大牛 500～750 克。现取现用,清水洗净泥沙杂质,共捣烂,加清水 1～1.5 升,搅拌去粗渣,加米酒 400～500 毫升,1 次灌服。

方 11 稀莶草籽(干品)100 克置瓦上焙黄研末,蜂蜜 200 克加热后除去表层白沫,共放入盆中,用黄酒 0.5～1 升徐徐冲泡药物,边冲边搅匀,候温灌服,轻者 1 剂,重者 2 剂。用于大畜。

方 12 拇指粗细槐树枝 1 千克,剪成 3.3 厘米左右长短,水煎熬去渣,再放入黄酒 500～700 毫升,候温大畜 1 次灌服。隔日 1 剂,连服 2～3 剂。

方 13　斑蝥 0.3～0.6 克去头,放入倒净蛋清只有蛋黄的鸡蛋里封口,摇动蛋使斑蝥粘上蛋黄,在火上焙干,研末,大畜隔日加水灌服 1 剂,连服 3～5 剂。

方 14　蟾酥 3 克,全蝎 4.7 克(酒炒),天麻 52.7 克。共为细末,鲜姜 15.5 克,大葱白 5 根共捣烂,加酒 62 毫升混合,沸水冲调候温。大畜 1 次灌服。

方 15　车前草 60～90 克,煎汁过滤,猪每次肌内注射 5 毫升,如注射时混入鸡蛋清 5 毫升,效果更好。或将车前草给病猪连吃 10 日。

方 16　槐枝汁(将约 1 厘米粗的 1 年生槐枝截成 30 厘米长数根,置慢火上烧烤中间段,使枝条两头的汁水滴入碗内)5 毫升,加水 20 毫升稀释后给体重 15 千克左右的猪灌服,每日 3 次,连用 3 天。成年猪可适当增量。

方 17　防风、细辛、牙皂、藜芦各等份,共为细末,取 4 克吹入猪鼻孔内。

方 18　壁虎 2～3 只,处死后加水 800 毫升,煎至 500 毫升给猪灌服,每日 1 剂,连服 2～3 天。

方 19　青蒿 35～70 克,切细煎汤,候温给成年猪灌服。每日 2～3 次,连服 2～4 天。

方 20　20%大蒜浸液(20 克大蒜加 100 毫升生理盐水,浸泡 7～24 小时,无菌过滤而得),25 千克以下小猪,每千克体重静脉、深部肌内各注射 2 毫升;25 千克以上猪,静脉、肌内各注射 5 毫升。

四、放线菌病

【病　因】　放线菌病是家畜和人的一种慢性传染病。病原体主要为牛放线菌及林氏放线杆菌。牛多发病,其次为猪。病菌存在于谷草和谷粒中,经消化道和黏膜破损处感染。

【症　状】　牛多在颊部,有时在下颌骨、舌头、颈部皮肤发病,患部硬肿是其特征。疼痛,化脓破溃后流出浓稠白色脓液,并形成瘘管,猪常在乳房发病,引起乳房硬肿。

【治　疗】　在切开患部并除去坏死组织、塞入浸有 5% 碘酊的纱布后选用下列处方:

方 1　白砒 2 份,樟脑粉 1 份,混合,加水少许,掺入适量面粉调成糊状,搓成比鼠粪稍大的药丸,阴干,装瓶备用。已破溃者·从伤口塞药 1～2 丸;未溃者,从肿块中间开 1 小口,向下方塞药 1～2 丸,以防药丸流出。

方 2　白砒、雄黄、轻粉各 2 份,混合研细。与飞罗面 4 份和匀,加水适量,制成枣核大小的药丸,阴干装瓶备用。用时在肿块上方以大宽针向斜下方刺进 3～4 厘米(不刺穿对侧皮肤),用 0.1% 高锰酸钾溶液冲洗后,再用镊子夹药丸 1～2 粒,从针口放入肿块内。

方 3　白砒 46 克,白矾 93 克,共为细末,铺罐底,将罐架炭火炉上煅烧至青烟已尽,白烟旋起,约数分钟时,将罐移置地上,经过一夜,取出罐中药物研细,约有砒石净末 31 克,加入雄黄 7 克,乳香 4 克再共研细末,以面粉调成糊状,搓成比鼠粪稍大的丸,阴干装瓶备用。用时见肿胀处有孔者,向孔内插入药 1 丸;无孔者,开 1 孔窍,插入药 1 丸。

五、猪肺疫(猪巴氏杆菌病)

【病　因】　巴氏杆菌。经消化道传染或带菌猪因抵抗力降低,病原体乘机发育繁殖,增强毒力而致病。全年可发生,气候骤变时易发。多为散发。

【症　状】　急性病例可能突然死亡或仅见一般败血病的症

状,体温可达 41.5℃左右,经数小时或日内倒毙。典型病例在出现上述症状后不久,咽喉部急剧红肿热痛,炎性水肿迅速扩及下颌,叫声嘶哑,呼吸困难,病猪呈犬坐姿势,张口伸颈,喘鸣有声,口鼻青紫并流出白沫或清水,黏膜发紫。耳根、颈腹部有出血性红斑,多在一二日内窒息死亡。亚急性胸型病例,全身败血症状发展较慢,咳嗽流鼻液,逐渐出现胸膜肺炎症状,呼吸时痛苦呻吟,气喘,口色发青,胸部有压痛,肺部听诊肺泡呼吸音粗厉或消失,有啰音或摩擦音。后期腹泻,经 3～8 日衰竭或窒息而死。慢性型多由上型转来,长期咳嗽气喘,腹泻,消瘦,皮肤发生出血点,有的发生关节肿胀,经 3～6 周死亡,不死者成为僵猪。

【治　疗】　可选用下列处方:

方 1　蟾蜍 1 只,生姜 15 克,共捣烂,加食醋 62 毫升。冲服,每日 1 次。

方 2　蒲公英、芦根各 31 克,白矾 15 克,捣碎加水灌服。

方 3　花椒、白矾、薄荷各 9 克,蒲公英根少许,捣碎混合洗颈部。

方 4　白矾 15 克,白糖、蜂蜜各 31 克,鸡蛋 3 个(用蛋清),地龙 3 条,混合捣碎。1 次灌服。

方 5　蟾蜍 1 只,放入茶缸倒上水,在太阳下晒四五小时,取出蟾蜍,将水给猪饮下,第二天灌醋 500 毫升,第三天灌少量姜水。

方 6　病猪尾巴切小口,夹麦粒大蟾酥 1 块置入,布条包扎。

方 7　枯矾、青黛各 15 克,冰片 3 克,硼砂 9 克,装入猪苦胆阴干,急用时焙干研为细末,多次吹入喉中。

方 8　新鲜地龙 50 条,在新瓦上焙干,加雄黄、冰片各 6 克,共研末,用生大黄 62 克煎汁调药,分 2～4 次服完。

方 9　三棵针、细茶叶各 31 克,甘草 15 克,煎汁 1 碗灌服。

方 10　板蓝根 200 克煎汁,加大蒜泥 50 克,雄黄末 1.5 克,2 个鸡蛋的蛋清调服。

方 11 螳螂 2 个,蟋蟀 1 个,人中白 6 克,射干 60 克。将药焙干研末,混匀后,每次取 5～10 克吹喉内。每日 2 次。

方 12 紫草 100 克,青黛 50 克,蒲公英 200 克,冰片 1 克。上药共研细末,沸水冲调,候温。体重 100 千克猪 1 次灌服。

方 13 六应丸(由丁香、蟾酥、雄黄、牛黄、珍珠、冰片组成)10～30 粒,金银花 10～30 克,板蓝根 10～30 克。上药共研末,沸水冲调,候温灌服。每日 1 剂。

六、猪 丹 毒

【病　因】　猪丹毒由猪丹毒杆菌引起,猪最为敏感。此外,水牛、绵羊、马、家禽、人也能感染,主要经消化道,多发生于夏、秋湿热季节,以 4～10 月龄猪易发。

【症　状】　本病潜伏期 3～5 日。

败血型:病程急剧,体温 42℃～43℃,走路不稳,结膜充血。后期皮肤出现红斑,指压退色,死亡较多。

疹块型:初期精神不振,皮肤出现菱形、方形的红紫色疹块,以后疹块形成痂皮。

慢性:心脏衰弱,四肢关节发炎肿胀,有的常发生皮肤局限性坏死,久而变成厚的痂皮,经久不落。耳及腹部显青紫色,有时发生腹泻。最后由于体质高度衰竭而死亡。

【治　疗】　可选用下列处方:

方 1 蒲公英 62 克,竹叶、薄荷、柳根各 31 克,煎服。

方 2 青蛙 5 个,柳树二层皮 1 把,蒲公英 1 把,共煎后冲白糖 93 克,灌服。

方 3 肌内注射鸡蛋清,每次 1 个量,每日 2 次。

方 4 皂浴疗法:用火柴盒大小的肥皂 1 块,加水 1 桶,烧热化开肥皂,冷后边淋边用鬃刷反复擦洗病猪全身,直到满身起泡沫,泡沫越多越好,不要擦掉,使其白干,每日照样洗 3 次。

方5　大蒜 31 克去皮洗净捣碎,加温沸水 100 毫升,用消毒纱布过滤,肌内注射过滤液,每次 20～40 毫升,每日 1 次,连续注射 1～3 次。

方6　肌内注射蚯蚓素(制法:蚯蚓 100 条,白糖 62 克,用清水洗净蚯蚓,放在过滤的 100 毫升凉水中,撒入白糖,浸泡 4～6 小时,等蚯蚓化完,过滤,密封,用蒸锅蒸 1 小时灭菌)。成年猪 1 次 20～30 毫升,小猪 1 次 10～20 毫升,隔日 1 次。

方7　鲜桑叶、桃叶、花椒叶(或花椒 30 克顶替)各 93 克,水适量煎汁擦洗全身。

方8　大黄 31 克,生姜、马鞭草各 15 克,共研细末,加食盐 9 克,麻油 31 克,调服。

方9　蟾酥粉。体重 15～20 千克用 0.5 克;25～30 千克用 0.7 克;35～40 千克用 1 克。用酒几滴浸润,水调成糊状,涂于舌根上,每日 1 次,连用 2 次。

方10　黄连、黄柏、牡丹皮各 5～12 克。煎汁灌服。

七、猪气喘病(猪支原体肺炎)

【病　因】　猪气喘病是由猪支原体引起。本病又称猪地方流行性肺炎,是一种慢性传染病。经呼吸道传染。无明显季节性。大小猪都可发生,但小猪较易感染。

【症　状】　多为慢性经过。咳嗽,特别在早、晚及剧烈运动和喂食时连续咳嗽。随病的发展而发生呼吸困难,表现为腹式呼吸和喘气,此时精神很差,食欲减少,身体逐渐消瘦。病情随天气的变化而时好时坏,晴暖天气静卧时不显病状,稍加驱赶、惊扰即引起剧烈咳喘,有时伸颈低头连咳数十声,直到咳出黏痰液,咳嗽时口鼻青紫。病期一二个月或更久,日益瘦弱。少数病猪病初体温稍有升高,病程较短,约 7 天左右,常衰竭和窒息死亡。

【治　疗】　可选用下列处方:

方1　曼陀罗15克,研末,用温开水调灌。

方2　肌内注射1～2个鸡蛋的蛋清。

方3　童便10份,葶苈子1份,浸泡24小时,拌食喂,每日2次,连喂4次,50千克的猪1次喂46～62克,小猪酌减。

方4　艾灰31克,枯矾21克,血余炭15克,蜂蜜31克,白莱菔子9克,混合煎汁服。

方5　苦参糖浆:苦参1千克,糖15克,加水6升,煮煎至2.5升。每日早、晚混料喂饲,15千克重的猪,每次20～40毫升。

方6　蚯蚓素注射(见猪丹毒方6)。

方7　大蒜10～20克,1次喂服。

方8　大叶桉或小叶桉的树叶适量,煎汁喂服。

方9　桉叶、竹叶、枇杷叶各适量,煎汁喂服。或不煎直接喂猪。

方10　蟾蜍洗净,剖腹除去内脏,腹内塞入新鲜完整鸡蛋(或鸭蛋)1个,用线扎紧,再用黄泥巴涂裹包住,放入火中煨至蛋熟(不能用明火,否则会爆裂)。然后将蟾蜍连蛋壳一起剥开弃去,将蛋给患猪内服。每日1次,每次1个,连服3～5天。

方11　鲜鱼腥草250克,放入沸水2.5升中煎至2升,1次喂服。

方12　黄豆适量放于陈久尿壶中,加水浸24～72小时,取出晾干。取30～50克,放入猪食中混喂,每日1次,连喂10日。

方13　黄花杜鹃枝10克,水煎取汁,拌料服用。每日1剂,连用2天。

方14　麦冬20克,麻黄10克。粉碎混匀,体重25千克左右猪每日混饲喂1～2次,连用5天。

方15　白砒、冰片、雄黄。上药按1:1:2的比例加少许面粉及水调匀,搓成稍大于绿豆的药丸,晾干备用。用时,以小宽针在患猪耳内侧、中间隆起皮筋上1/3处,由上向下穿刺入皮下,使其形成一个囊袋,然后放入 1 颗药丸,用胶布封贴。轻症埋植一侧穴,重症埋两侧穴。

八、仔猪白痢

【病　因】　引起仔猪白痢的病原体为一定血清型的大肠杆菌,在致病类型中以 $O_8 \sim K_{88}$ 较为多见。饲养不良,天气骤变,以致仔猪抗病力降低而发病。发病猪以 3～10 日龄较多,其次为 11～20 日龄。30 日龄以上者则少见。

【症　状】　本病以腹泻为特征。乳猪精神不好,体温无明显变化,有的体温稍升高,吮乳减少或停止。走路不稳,下痢,粪便灰白色或淡黄绿色,甚至纯白色。后期肛门失禁,粪便气味腥臭,肛门周围及后肢沾有稀粪。逐渐消瘦而死亡。

【治　疗】　可选用下列处方:

方 1　大蒜 500 克,甘草 124 克,切碎后加入白酒 500 毫升,浸泡 2 日,混入适量的百草霜,分成 40 剂。每猪每日灌服 1 剂,连续 2 日。

方 2　马齿苋 31 克,加白矾、面粉,熬成糊状。喂小猪。连喂 3 日。

方 3　车前子 31 克,石榴皮 24 克,炒黄研末。混于饲料内,1 次喂母猪。

方 4　白头翁末 2 份,龙胆末 1 份,每头仔猪每日 1 次喂 6～9 克,连喂 2～3 日(喂法:用米汤或温开水将药调成浓糊,用左手食指、拇指将仔猪口角用力捏紧,猪自然张口,右手以小竹板探到舌后让其自动吞咽)。可配合红糖水饮服。

方 5　山楂、麦芽、陈皮各 2 份,酒曲 1 份,炒后研末混合,用米汤或温开水调匀。仔猪日服 1 次,每次 9 克。

方 6　木炭末 6 份,深层红土 1.5 份,蛋壳(研成细粉)适量,干饲料粉 2 份,研末混合。每日每头猪 5 克,加水灌服。

方 7 蒜苗(烧焦研末)适量,掺食喂小猪。

方 8 锈铁器放进饲料内同煮,将饲料喂母猪。治伴有贫血症状的哺乳仔猪白痢。

方 9 狗骨头(烧炭)研末。每日 1 次服 3～6 克,连服 2～3 天。

方 10 大蒜 1 头,柳条炭 1 捏,共捣碎沸水调服。

方 11 南瓜根汁 3～6 毫升,喂饲。根汁采集方法:秋天于南瓜摘收后,先在南瓜根部施大粪数勺,3 天后将南瓜藤离根 1.5～2 米处切断,断端插入空瓶内,瓶口用布包裹,每天检查,汁液流满后,及时倒出,至瓜茎无汁液流出为止。

方 12 三棵针 18 克,问荆(别名节节草)12 克,辣蓼 62 克,煎汁。分 2 日服。

方 13 大蒜 18 克,三棵针 12 克,百草霜 31 克,共研末。母猪 1 次灌服。

方 14 苦豆子根熬成浓汁,抹在乳头上让仔猪舔食。

方 15 苦豆子 31 克,大蒜 62 克,马齿苋 250 克,蒲公英 62 克,共煎汁 3 次,总量 2 升。给 10 头仔猪混入饲料内喂饲。

方 16 鲜马齿苋洗净捣取汁,仔猪 1～3 汤匙(现用不贮存)。若系红痢,每 100 毫升药汁加黄连粉 30 克,若为白痢则加干姜粉 3 克,腹痛重者加白芍粉 3 克,里急后重者加木香粉 3 克。

方 17 老鹳草(别名汤汤青、老瓜筋、五瓣花),每千克体重 2 克,每日 2 次,煎汤灌服。

方 18 白头翁按每千克体重 5 克,加适量常水煎煮,去渣候温,供母猪自行饮用。如果仔猪能吃食,让仔猪自饮,直接治疗。

方 19 瞿麦 250 克,加水适量煎汤去渣,让母猪自饮,每日 2～3 次,当天用完。如果仔猪能吃食,让仔猪自饮,直接治疗。

方 20 白胡椒、大蒜各 1 份,百草霜 2 份。研末混合。每日 2 次,每次 5 克内服。

方 21 大蒜泥、草木灰水各适量。混合均匀喂猪。每日 3 次,每次 5～7 毫升。

方 22 石榴皮、陈皮各 2 份,枯矾、白矾各 1 份,焙枯研末,水调喂服。每头每次 3 克,每日 1～2 次。连服 1～2 天。

方 23 活地龙用清水反复冲洗干净,再按地龙、白糖 1：1 的比例拌匀,加盖浸渍,12 小时后溶为液体,装瓶放在锅中隔水煮沸 30 分钟。每次口服 10～20 毫升。

方 24 金银花 120 克,车前草 50 克。煎汁分 2 日喂母猪。

方 25 野棉花根 250 克,加水适量煎汁。每剂分 2 次拌食饲喂母猪。

方 26 苦参、老鹳草各 60 克,水煎 2 次药液,合并浓缩至 20～30 毫升。每头仔猪每次 2～3 毫升灌服,日服 2 次。

方 27 苍术 500 克,加水煎煮 2 次,药渣与药液混合一起给大母猪饲喂。

方 28 茶叶、乌梅各 500 克。水煎 3 次,合并药液浓缩成 500 毫升。每头仔猪口服 2 毫升,每日 1 次,连服 2～3 次。

方 29 苦参 100 克,煎汁。分多次拌入饲料中喂哺乳母猪。

方 30 地榆根 250 克,捣碎用水煎煮,其汁与红糖 250 克混合。让母猪与仔猪自饮。

方 31 白头翁、板蓝根、大蒜各 150 克。前 2 味水煎 5 沸,大蒜切碎混匀。分 5 次给母猪拌料饲喂。

方 32 白胡椒、大蒜各 1 份,百草霜 2 份,研末混合。每日 2 次,每次 5 克,给仔猪内服。

方 33 仙鹤草 12～24 克,研末喂服。

九、猪病毒性胃肠炎(猪传染性胃肠炎)

【病　因】 引起猪病毒性胃肠炎的病原体为猪传染性胃肠炎病毒。通过排泄物经消化道传染。7～10 日龄的仔猪死亡率较高。常呈散发,无季节性,以春季最为多见。

【症　状】　少数仔猪初有轻热,呕吐,急剧腹泻及口渴,粪稀如水,呈灰白色、淡黄色或淡绿色,迅速脱水消瘦,病程短的可在48小时内死亡,长的可延长5～7日。不死的也发育不良,增重迟缓。猪的日龄愈小,致死率愈高,随着年龄的增长,死亡率逐渐下降。成年猪或哺乳母猪感染后多无明显的临床症状。有的出现厌食、呕吐、腹泻、脱水、泌乳停止等症状,一般经3～10天痊愈。

【治　疗】　可试用下列处方:

方1　马齿苋62克,水煎服。

方2　生姜31克,白术62克,煎汁加红糖100克。1次服。

方3　食醋250毫升,1次服。

方4　鲜松树二层皮300克,鲜樟树皮200克,地榆30克,置锅内炒炭存性,加松木炭末50克,红糖100克炒片刻,加水适量煮沸,候温内服。

方5　毛青杠60克,仙鹤草40克,煎汤。1剂分2次内服。

方6　大蒜1～3头捣泥,加食盐5～10克,混合加水,1次喂服。

方7　辣蓼30～100克(鲜草100～200克),煎汁内服。

方8　马齿苋、忍冬藤、车前草各63克,煎服。

方9　铁苋菜、地锦草、老鹳草各60克,煎服。

方10　萹蓄、地榆、铁苋菜各60克,煎服。

十、痘　病

【病　因】　痘病的病原体是一种滤过性病毒。绵羊痘的病毒,有时也可使山羊发病。牛痘的病毒是人痘病毒的减弱亚种,可感染马、猪。传染是由于健畜与病畜的直接接触。传染经呼吸道,也可由皮肤及消化道传染。

【症　状】　痘病是畜禽的一种急性热性传染病。其特征为全身中毒,典型的体温曲线及特殊的发疹。绵羊、山羊、猪、牛、马、犬、禽等都能感染本病,但症状各不一致。绵羊是全身症状,常为流行性;其他家畜仅有局部病变,缺乏全身症状。病初体温升高至41.5℃～41.8℃,精神不好,不食或食欲减退,结膜发炎。不久在鼻、眼睑、唇、腹部出现红斑,后变为丘疹,再成水疱,以后变为脓疱,其表面呈脐状凹形,不久变成黑棕色的痂皮。一般经过良好,但如并发其他病可能引起败血症或脓毒血病而死亡。禽分为皮肤型和白喉型,皮肤型一般为良性经过,白喉型末期大多死亡。

【治　疗】　可选用下列处方:

方 1　花椒、艾叶各 10 克,大蒜 1 头,煎汁洗患处。

方 2　核桃 10 个,烧焦研细末,调清油涂擦。

方 3　紫草 30 克,水适量煎汁擦洗患处,也可煎汁内服,成年猪 1 头或小猪 2～4 头 1 次服完,每日 1 次。

方 4　黑豆、绿豆各 250 克,甘草 30 克,水适量煎汁内服。成年猪 1 头或小猪 3～8 头 1 次服完。

方 5　芫荽子 30 克,红柳花 1 把,水适量煎汁内服。成年猪 1 头或小猪 2～4 头 1 次服完。

方 6　野菊花 1 500 克,忍冬藤、贯众、大青叶各 2 500 克,水适量煎汁。10 头成年猪或 20～40 头小猪分 3 次服完。

方 7　冬竹笋头 30 克,阴干或焙干,蒲公英、干芦根各 15 克,水煎汁内服。成年猪 1 头或小猪 2～4 头 1 次服完。

方 8　野菊花 9 克,生甘草 6 克,薄荷 6 克,二花 9 克,水适量煎汁内服。成年猪 1 头或小猪 3～6 头 1 次服完。

方 9　生石膏 15 克,竹叶 6 克,枇杷叶 8 张,水煎汁内服。成年猪 1 头或小猪 2～4 头每日 1 次服完,服数日。

方 10　紫草 30 克,南瓜藤 62 克,紫花地丁 15 克,水煎汁内服。成年猪 1 头或小猪 2～4 头 1 次服完,每日 3 次。服后如腹泻,可灌服广木香 3 克,腹泻即止。

方 11　益母草 12 克,薄荷 6 克,水适量煎汁内服。成年猪 1 头或小猪 2～6 头 1 次服完。

方 12　绿豆 30 克,银花 21 克,鲜茅根 46 克,水适量煎汁内服。成年猪 1 头或小猪 2～6 头分 3 次服完。

方 13　生石膏 40 克,研细,加温水 100 毫升,去渣取汁,放入烟油 15 克,烧煮 15 分钟即可。用药液擦患部。

方 14　麝香 3～5 克,以酒精 500 毫升溶解,过滤,装瓶密封备用。每只病羊皮下或肌内注射 1 毫升。

方 15　绿豆 125 克,黄豆、黑豆各 62 克,甘草 15 克,金银花 31 克,以上各药混合,水煎喂服。治猪、羊痘病。

方 16　雄黄、白矾各 2 份,冰片 1 份,上药共研极细末,与陈醋按药醋 3 比 1 调合,外涂患部,每日 1～2 次。

方 17　金银花、甘草、黄芪各 10～20 克,升麻 5～10 克,共研末,沸水冲调,候温喂服。治猪、羊痘病。

方 18　葛根 5 克,紫草 4 克,苍术 4 克,黄柏 4 克,金银花 5 克,蒲公英 2.5 克,甘草 5 克。上药混合水煎,取药液拌饲料让鸡自食。治鸡痘。

方 19　鲜鱼腥草洗净作青饲料,每只鸡每日 5 克,分早、晚喂给,连喂 2 日。

方 20　金银花、板蓝根、大青叶各 20 克。上药煎汤去渣喂服。每只每次 3～10 毫升。治鸡痘和鸽痘。

十一、猪坏死杆菌病（花疮）

【病　因】　引起猪坏死杆菌病的病原体是坏死梭杆菌,经损伤的皮肤感染。是各种畜禽共患的一种慢性传染病。多发于炎热多雨季节。

【症　状】　因发生部位不同分为不同类型:

1. 皮肤坏疽型（坏死性皮炎）　坏死病灶可发生于身体任何

部位。病初患部皮肤微肿,后被毛脱落,伤口逐渐扩大,有的称"花疮"。后炎症向深部肌肉组织发展蔓延和坏死。病猪一般没有全身变化,个别有体温升高、食欲减少、运动缓慢的变化。

2. 坏死性鼻炎　在鼻软骨、鼻骨、鼻黏膜表面出现溃疡和化脓,还可蔓延到气管和肺,影响采食和呼吸。

3. 坏死性口炎　多发生于仔猪群,唇、舌、咽和附近的组织发生坏死。病猪食欲不振,腹泻,逐渐消瘦,经 5～20 日死亡。

4. 坏死性肠炎　胃肠黏膜有坏死性溃疡,病猪出现腹泻、虚弱和神经症状,死亡率高。

【治　疗】　可选用下列处方:

方 1　豆油或各种食油烧沸后趁热灌于疮内,一般面积小的疮面 1 次能治愈,大的疮面要治数次。

方 2　用刀刮去坏死组织,再用陈石灰填充深的溃疡内。

方 3　雄黄 6 克,冰片 0.45 克,风化石灰 1.5 克(筛细、炒过),混合研细,用炼过的菜油调敷患部。

方 4　枯矾 10 份,硫磺 15 份,干黄瓜叶(焙干)13 份,冰片 1 份,花椒(焙焦)5 份,共研细末,用炼过的植物油调敷患部。

十二、猪水肿病

【病　因】　病原体一般认为是溶血性大肠杆菌。本病又称猪大肠杆菌毒血症。主要发生于断奶后 7～10 天的仔猪,多在 4～5 月份及 9～11 月份发病。当饲料突变,气候剧变,饲料单纯,缺乏运动等,均可促进本病发生。

【症　状】　病的特征为头部皮下、消化道、脑和肺等出现水肿。猪突然发病。食欲不振,精神沉郁,眼睑水肿,水肿可达到鼻、耳、下颌、颈、胸,甚至全身。患部皮肤青紫,指压下陷。多数病猪体温不高。运步强拘笨拙,有的有转圈运动。最后呼吸困难,全身冰凉,末梢发青,窒息死亡。病期 1～3 日。

【治　疗】 可选用下列处方：

方 1　赤小豆 500 克，商陆 6 克，大蒜 6 瓣，生姜 10 片，煎汁灌服。

方 2　芒硝 21 克，大黄 6 克，混入饲料内分 2 次喂服。

方 3　苍术、白术、猪苓、滑石、车前草各 5～10 克，煎汁内服。

方 4　茯苓皮、大腹皮（为棕榈科常绿乔木槟榔果实的果皮）、猪苓、泽泻各 5～10 克，煎汁内服。

方 5　灯心草、淡竹叶、甘草各 5～10 克，煎汁内服。

方 6　白茅根、小蓟根各 10～20 克，煎汁内服。

方 7　玉米蕊、半边莲各 15～30 克，煎汁内服。

十三、羔羊痢疾

【病　因】 羔羊痢疾是初生羔羊的一种急性传染病。病原有两类：

1. 厌气性羔羊痢疾　病原体为产气荚膜梭菌。

2. 非厌气性羔羊痢疾　主要是大肠杆菌，肠链球菌也有一定的致病作用。主要经消化道传染，也可经创伤传染。多发生在 7 日龄以内羔羊，多在气温骤变，羔羊饥饱不均和母畜营养不良时，发生本病。立春前后发病率骤增。

【症　状】 病程急剧，病羔精神高度沉郁，食欲废绝，拱背，垂耳，腹泻。粪稀如水，呈绿色、黄色或灰白色，恶臭，后期带血。病羔迅速消瘦死亡。病程一般为 2～3 天。

【治　疗】 可选用下列处方：

方 1　马齿苋粉 100 克，干姜粉 10 克，混匀，加水 1.5 升，煎熬至 1 升，加入红糖 200 克。每次灌服 20 毫升，每日 2 次，连用 3 天。

方 2　苦豆子根适量，以 5 倍水浸泡 8 小时，煮沸 40 分钟，过滤，药渣再加水煮沸 50 分钟，过滤，2 次药液混合，浓缩至含生药

1∶1,密封备用。病羔每只每次内服 6～10 毫升,每日 2～3 次至病愈。

方 3　乌梅 45 克,僵蚕 15 克,煎汤,候温加食醋 50 毫升。1 次灌服。

方 4　伏龙肝 500 克,枯矾 250 克。共研细末,加沸水 1 升,用纱布滤过,取汁候温。每只羔羊灌 20～30 毫升,每日 1 次,连用 2～3 天。

方 5　苦参 8～15 克,白头翁 6～12 克。共为末,沸水冲服。

方 6　穿心莲 1～2 克,苦参 4～12 克,共为末,沸水冲服。

方 7　黄连 1～3 克,白芍 1～3 克,共为末,沸水冲服。

方 8　黄连 1～3 克,白头翁 3～10 克,共为末,沸水冲服。

方 9　龙胆草 1～5 克,香附 5～12 克。共为末,沸水冲服。

十四、兔巴氏杆菌病(兔出血性败血病)

【病　因】　兔巴氏杆菌病的病原是兔巴氏杆菌。管理不良,受凉、有寄生虫等原因,使机体抵抗力降低时可发生内源传染。

【症　状】　急性病例常在数日内死亡,有时不表现任何症状。慢性类型一般不会大批死亡。主要表现为鼻炎,初期鼻中流出水样分泌物,后变为脓性。病兔常打喷嚏。由于兔常用前爪擦洗嘴脸,致病菌扩散,往往继发肺炎、结膜炎、角膜炎、皮下脓肿、乳房炎等并发症。

【治　疗】　除注射疫苗血清外,可选用下列处方:

方 1　威灵仙 1～3 克,鱼腥草 1～3 克,水煎服。

方 2　金银花 2～4 克,菊花 2～4 克,水煎服。

方 3　蒲公英 2～4 克,菊花 2～4 克,赤芍 2～4 克,水煎服。

方 4　黄连、黄芩各 1～2 克,黄柏 1～2 克,水煎服。

十五、家兔痢疾

【病　因】　家兔痢疾是由痢疾杆菌引起的一种传染病。本病多发生在夏、秋季节。由于腐败发酵或不清洁的食物中带有痢疾杆菌,健康家兔吃了这种食物后发病。

【症　状】　粪便不成形,带有脓样黏液,有时带血。病兔鼻端发干,两耳发凉,体温升高,有时可达 41℃以上。食欲不振或停食,体重下降,最后消瘦而死。

【治　疗】　可选用下列处方:

方 1　大蒜 2～4 瓣,捣碎加水浸泡,连同大蒜给兔 1 次灌服。

方 2　绿茶 2～3 克,加水 100 毫升,煎成 40～50 毫升的浓茶汁,每日 3～4 次灌服。

方 3　柿蒂 2～3 个,加水煎汁内服。日服 2 次,连服 3～5 天。

方 4　黄连 2 克,黄芩 3 克,黄柏 2 克,水煎服。

方 5　黄芩、黄柏、白头翁各 1 克,日草 2 克,百草霜 1 克,共为末一次调服。

十六、鸭瘟(鸭病毒性肠炎)

【病　因】　鸭瘟的病原体是鸭瘟病毒。本病是一种败血性传染病。经消化道感染,也可通过损伤的皮肤感染;吸血昆虫也可能散布病毒,多发于春、夏两季,呈地方性流行。

【症　状】　病初体温急剧上升至 43℃以上,精神委靡,腿软,腹泻,排出绿色或白色稀便,流泪。部分病鸭头颈肿胀,俗称"大头瘟"。

【治　疗】　在发病地区,每年要注射疫苗二次,淘汰病鸭。也可试用下方:海金沙 1 千克,凤尾草(别名凤凰尾)1 千克,小金钱(别名马蹄金、荷包草)0.5 千克,灯笼草(别名宝盖草)0.5 千克;用水 5 升煎汤,供 100 只鸭饮服或拌料。连用 2～3 天。

十七、禽霍乱(禽巴氏杆菌病)

【病　因】　禽霍乱的病原体是禽巴氏杆菌。各种家禽和多种野禽都能感染。不良的饲养和管理会提高感受性,并促进其发展和传播。

【症　状】　最急性者突然倒毙,无任何症状。急性者发高热,剧烈腹泻,排出黄色、灰白色、淡绿色或淡红色的黏性稀便,呼吸困难,鸡冠及肉髯变成青紫色,最后昏迷痉挛,于 1～3 日内死亡。慢性者食欲减退,关节肿胀化脓,跛行,进行性消瘦,贫血,持续腹泻,鸡冠苍白,肉髯发炎肿大,鼻流黏液,鼻腔肿胀,喉部蓄积分泌物,影响呼吸,病程数周,病状呈间歇性发作。

【治　疗】　可选用下列处方:

方 1　大蒜 2～3 瓣,捣烂用麻油调灌。

方 2　紫花地丁 2 份,薄荷 1 份,共研细末。每次用 1.8～2.4 克,水调丸饲喂,每日 3 次,连用 2～3 天。

方 3　穿心莲、血见愁各 3 克,水煎或研末,拌在面粉内,捻成小丸,每日分 2 次喂完。

十八、鸡白痢

【病　因】　鸡白痢的病原体是沙门氏菌属的雏白痢杆菌。病原体存在于病雏的血液、肠管等,随分泌物和排泄物排出体外,污染饲料、饮水等,经消化道感染。此外,本菌也存在于母鸡卵巢和公鸡的睾丸内,当利用这种卵进行孵化时,也可引起鸡胚内感染,孵化中途死亡,也有出壳后发病死亡,不死者成带菌鸡。20 天以内雏鸡最易感。

【症　状】　3～5 日龄雏鸡多呈急性发病,食欲消失,被毛粗乱,呆立垂翅,断续腹泻,粪先为粥状,后呈水样、白色,沾污肛门附近羽毛,干后将肛门堵塞,使排粪困难,1～3日内死亡。20～45日龄雏鸡发病率较低,很少死亡,但生长缓慢,发育不良,成为带菌者,是本病的传染来源,这种鸡产卵量少,贫血,常因腹膜炎而死。成年鸡一般不表现临床症状,成为隐性带菌者。

【治　疗】 可选用下列处方:

方1　大蒜捣烂或绞汁(可加木炭末少许),适量拌食饲喂。或大蒜30克,红糖62～93克,捣和如泥,每只鸡用绿豆大1丸内服。重者每日2次,轻者每日1次。

方2　大蒜捣碎加水10～20倍,每只鸡每次用0.5～1毫升,每日4次,连喂3日。

方3　马齿苋适量,熬汤拌料喂服或饮醋水(0.5升醋加1.5升水)。

方4　1％～5％甘草水,饮服或1毫升灌服。

方5　蜂蜜30克,花椒15克,大黄、甘草各6克,加水200毫升煎汁100毫升,和入面粉做成小丸,每只小鸡每日喂3次,每次1～3丸。也可煎汁2次,浓缩汁为30毫升,每鸡服3～5滴,或稀释3倍自饮。

方6　苦楝树皮30克研末,红糖适量煎汁300毫升,1次5滴内服。也可和入面粉内,做成绿豆大的小丸100粒,给小鸡早、晚各服1～2粒。

方7　韭菜根、红糖各适量,煎汁,令鸡自饮或灌服。每日1剂,连用3天。

第十章 寄生虫病土偏方

一、蛔 虫 病

【病　因】　家畜蛔虫病是常见的一种寄生虫病。常见的有马、猪和鸡蛔虫病,每种家畜的蛔虫病都是由独特的种类引起,如猪蛔虫病由猪蛔虫引起,它不能引起其他家畜的蛔虫病。

【症　状】　成年猪多为带虫者。以 2～6 个月的仔猪发病较多。幼虫侵袭肺部时一般表现咳嗽,呼吸加快,食欲减少,好卧地等。寄生成虫较多时,主要表现生长发育迟缓,瘦弱,重症者,腹部下垂,有的出现神经症状,乱跑或痉挛,并可造成肠阻塞或胆道蛔虫症,甚至引起肠破裂而死亡。

牛患蛔虫病常发生臌胀,特别是哺乳小牛更显著。有时发生腹痛及咳嗽,口内常有丙酮味及恶臭味。个别病例,可发生惊慌不安、沉郁及肌肉痉挛等神经症状。其他家畜患蛔虫病,与猪症状相似。

鸡蛔虫主要寄生在小肠,火鸡、珍珠鸡、孔雀体内也有寄生。虫体为 5～11 厘米长的黄白色线虫。幼虫钻入肠黏膜引起肠炎、黏膜水肿和出血。成虫在小肠吸收营养,分泌毒素,使鸡生长受阻。虫体多时,病鸡精神不振,羽毛蓬松,腹泻,贫血,消瘦。母鸡产蛋减少或停止。严重者肠道阻塞,可引起肠破裂,引发腹膜炎而致死。

【治　疗】　可选用下列处方:

方 1　使君子、乌梅各 35 克,苦楝根皮、槟榔、鹤虱各 15 克,共研细末。按猪每千克体重用 1 克,灌服,10 日后再服 1 次。大群驱虫之前应先搞好试点。

方 2　花椒 30 克,文火焙黄捣碎,乌梅 30 克,压碎混合后加温水调稀给猪灌服。

方 3　花椒 12 克,麻油 63 毫升,先将油置锅内炼熟,再入花椒,待花椒炸至酥,去药渣,候温。仔猪 1 次喂服。治蛔虫性肠梗阻。

方 4　食醋 63 毫升,加温。仔猪 1 次服。治胆道蛔虫病。

方 5　南瓜子 95～155 克,研末,仔猪 1 次内服。

方 6　槟榔 3 克,乌梅 15 个,石榴皮 6 克,共研细末。混饲料中,成猪 1 次吃下。仔猪酌减,牛用此量的 6 倍。

方 7　使君子肉 20 克,乌梅 15 个,榧子肉 10 克,共研末。混饲料中,成猪 1 次吃下,仔猪酌减,牛用此量的 6 倍。

方 8　白杨树根皮(刮去外皮晒干)10 克,花椒 6 克,共研末。混入饲料中,成猪 1 次吃下,仔猪酌减。

方 9　使君子、石榴皮各 70 克,百部 15 克,槟榔 10～38 克。研末,大畜 1 次调服。投药前停食 12 小时,投药 4 小时后,可投中等剂量的盐类泻剂。

方 10　马齿苋 250 克,加水 500 毫升,煎至 200 毫升,加食盐少许,候温 1 次给犊牛灌服。

方 11　黑芝麻 200 克,研碎生用,加凉开水 750 毫升,给犊牛 1 次灌服。

方 12　石榴树皮 50 克,白杨树皮 40 克,贯众 20～60 克。上药研末,加温水 1 升,给犊牛 1 次灌服。

方 13　苦楝根皮 50 克,煎汁。空腹给猪 1 次灌服。

方 14　生丝瓜子 120 粒,去壳捣烂。供体重 25 千克猪 1 次内服。

方 15　胡萝卜 2.5 千克,切成丝,煮熟,取汤给体重约 15 千克的猪喂服。

方 16　使君子 10～30 克,研末,拌入少量玉米面。给猪 1 次喂服。

方 17　土荆芥(别名石荠荣、热痱草)全草 40 克,炒干,研成细末,早晨空腹用温开水冲药 20 克,给猪灌服。第二天再服 20克。

方 18　空腹喂南瓜子 10~15 克,连喂 3 日。治兔蛔虫病。

方 19　贯众、使君子、槟榔各 30 克,巴豆仁 10 克。研末混合拌入饲料中喂或冲水灌服。兔每次 7 克。治兔蛔虫病。

方 20　用橡皮管将汽油(按每千克体重 2 毫升)注入鸡嗉囊,或灌服。治鸡蛔虫病。

方 21　按鸡饲料总量加入 2% 的烟草粉,每天上、下午各 1次,让鸡自由取食,连续喂给 1 周。1~2 个月后,进行第二次治疗。治鸡蛔虫病。

方 22　槟榔 124 克,苦楝根皮 46 克,川楝子皮 62 克,共研细末,按 10% 混饲料中让鸡自食。

二、牛、羊肝片吸虫病(肝蛭病)

【病　因】　肝片吸虫病病原体是片形科的肝片吸虫及大片形吸虫,是雌雄同体的寄生虫。终末畜主有牛、羊、马、驴、猪、兔等。中间宿主是淡水软体动物的小椎实螺——短丁凌螺(一种小型的淡水螺蛳)。幼虫经螺蛳体内到水草上,牛、羊吃草饮水可患此病。

【症　状】　急性病畜开始精神不振,腹部胀大,几天后死亡。慢性病畜表现衰弱无力、贫血、皮松、毛粗乱易断,以后食欲不振,牛颈下肉垂水肿,羊颌下水肿,严重者并有腹下水肿,有时眼结膜发黄,渐渐消瘦,病至后期,常有腹泻,遇气候变化,常易死亡。

【治　疗】　可选用下列处方:

方 1　苏木 15 克,贯众 9 克,槟榔 12 克,水煎去渣,加白酒 60毫升。羊 1 次灌服。

方 2　贯众 60 克,煎汁适量。牛 1 次灌服。

方 3　苏木 15 克,贯众、槟榔、龙胆草、木通、泽泻各 9 克,厚朴、草豆蔻各6克,水煎去渣。羊1次灌服。

方4 槟榔,贯众,均干燥粉碎,等量混合备用。体重200千克以上的牛服60克;体重100~200千克服45克,体重100千克以下服30克。空腹时用凉开水冲服,连用3天为1个疗程。

方5 槟榔10~70克,龙胆草20~40克。研细末,温水冲调。牛1次灌服。

方6 贯众9~35克,硫磺10~30克,水煎去渣,用米酒250毫升给牛1次冲服,连用2天,每日1剂。治牛肝片吸虫病。

三、马胃蝇蛆病(瘦虫病)

【病　因】 马胃蝇蛆病是马胃蝇幼虫寄生在马胃肠道(尤其是胃)引起的疾病。寄生在胃和十二指肠,叮咬黏膜,幼虫呈白色或粉红色,像花生米大小。

【症　状】 马胃蝇的幼虫爬行于舌、咽部黏膜时引起咳嗽,打喷嚏;寄生于胃时,刺伤胃黏膜,引起消化不良、贫血、消瘦和慢性肠炎。有时伴有疝痛。幼虫在直肠爬行和叮咬肛门,引起奇痒。

【治　疗】 可选用下列处方:

方1 皂角1条,贯众60克,槟榔62克。将上药捣烂和黑豆2千克放在一起煮熟后取出药渣,每日喂服500~750克,连续喂完。可连喂2剂。

方2 椿树子150克,苦楝根皮46克。共为末,沸水冲调,候温灌服。每日1剂,共用1~2剂。

方3 槟榔9~45克,使君子24~70克,石榴皮30~80克。煎汁1次灌服。

四、混睛虫病

【病　因】 混睛虫,寄生在马的叫丝状线虫,侵袭牛的叫唇乳突丝状线虫。唇乳突丝状线虫也可在马体中寄生。寄生在马眼球内(眼前房),幼虫长 2～3 厘米,呈乳白色的丝状。成虫寄生在胸腔、腹腔等处,成虫长 2～12 厘米。

【症　状】　多为一侧眼患病,于眼前房液中可看到虫体的游动。患眼羞明、流泪,结膜和巩膜表层血管充血,角膜轻度混浊。患畜不安,头偏向一侧。

【治　疗】　最好是进行角膜穿刺术除去虫体。也可用下列处方:

方 1　烟油(烟管内的烟油)0.2 克,用凉开水 5 毫升稀释,点入患眼,只能用 1 次。治马、牛混睛虫病。

方 2　烟油 20 克,冰片 2 克,混合后用白布包扎挤压.将过滤出的烟油涂入患眼内,1 次即可。不彻底时可隔数日再涂 1 次。治牛混睛虫病。

方 3　淡盐水 100 毫升滴入煤油 1～2 滴后洗眼。治牛混睛虫病。

方 4　苦楝根皮、鲜百部各 50 克。加水浓煎,滤取清药液滴患眼。治马、牛混睛虫病。

五、吸吮线虫病(牛眼虫病)

【病　因】　吸吮线虫又称牛眼虫,长为 1～2 厘米的黄白色线虫。寄生于牛的结膜囊内或第三眼睑下。雌虫产出幼虫,当蝇类在病眼舐食时就吞食了幼虫,以后蝇类又把发育成熟的幼虫,带到健康牛的眼睛而传播本病。本病多发于秋季。

【症　状】　患眼羞明、流泪。眼睑水肿并闭合,结膜潮红肿胀,食欲减退,性情变得暴躁。由眼内角流出脓性分泌物。角膜混浊,若不治疗,角膜便开始化脓并形成溃疡,严重时,可发生角膜穿孔。病程为 30～50 天。常在角膜面上发现虫体。

【治　疗】　可选用下列处方:

方 1　汽油或煤油 3 毫升,滴患眼。

方 2 烟叶 100 克,以 60℃ 常水 500 毫升浸泡 12 小时,用 4 层纱布过滤,以橡皮球吸取药液。每日 1 次冲洗双眼,最多 4 次即愈。

方 3 食盐 100 克烧红,研细末,装瓶备用。将牛眼睑翻开,撒入烧盐末少许,然后闭合眼皮,轻揉数下,一般虫体可随泪水流出。

方 4 白矾、甘草各适量。手压睛明穴(马在下眼睑泪骨上缘,内眼角外侧,两眼角内、中 1/3 交界处的皮肤褶上。左、右眼各 1 穴),提起瞬膜,用钝头镊子取出虫体,再用甘草煎汁,加少许白矾滴眼,每日 2～3 次,连用 2～3 天。

方 5 雄黄 10 克,冰片 1 克,共研极细末。用湿的光滑火柴杆蘸药点入患眼角,每日 2 次,用 1～2 天。

六、疥癣(螨病)

【病 因】 疥癣是疥癣虫(也叫螨),寄生于皮肤而发生的。致病的疥癣虫有穿孔疥癣虫(疥螨)、吸吮疥癣虫、食皮疥癣虫 3 种。传染途径主要是接触传染。

【症 状】 开始皮肤发红,生小疙瘩,患畜因搔痒摩擦损伤皮毛,局部常见脱毛、结痂或流黄水,患畜不安、消瘦、乏弱。

【治 疗】 治疗多为外部涂药,用药前应先清洗患部,除去痂皮,擦干。可选用下列处方:

方 1 硫磺、新鲜石灰面各等份,研末,菜油适量调膏涂患部,或石灰面 2 份,硫磺 3 份,水 50 份,煮 2～3 小时。用此药液擦患部,7 日涂 1 次。防患畜舔。

方 2 露蜂房 1 份,焙干研末,加大枫子 10 份,共捣成膏涂患部,7 日涂 1 次。防患畜舔咬。

方 3 苦参 4 份,花椒 1 份,加水煎汁洗患部,每次洗 2～3 遍,隔 7 日洗 1 次。

方4　烟叶1份,硫磺末5份,加水200份,泡1昼夜再煮沸,捞去烟叶,至硫磺溶化即可。用药涂擦患部,每日1次,洗2日后,隔7日再洗1次。慎防患畜舔。

方5　废机油涂患部,每日1次。

方6　南瓜秧末6份,棉籽油25份,调匀涂擦患部,每日1次。

方7　辣椒1份,烟叶3份,常水3～5份,混合后煮沸,浓缩至1～2份,滤去渣,使用时将药液加温至60℃～70℃。用毛刷逆毛涂于患部和患部四周的健部,1次只能涂擦整个体表的1/4～1/3。1～2日后再涂刷其他患部。

方8　狼毒500克,硫磺(煅)150克,白胡椒75克,共研细末。豆油500克煮沸,稍凉,加入上述药粉50克,加热15分钟,待温使用。用时以带柄毛刷蘸药轻刷患部1次,不可反复多次涂擦,以免引起皮肤破溃。全身性疥癣分区用药,每3～5日涂药1次,每次涂药面积不得超过体表的1/3。如个别患部未愈,可再涂药1次。涂药后防止患畜啃咬,以免中毒。

方9　硫磺200克,黄柏100克,百部150克。共为细末,用植物油调成软膏,涂擦患部。

方10　狼毒、白矾各50克,花椒70克,共研细末,棉籽油调涂患部。

方11　硫磺70克,石灰150克,花椒250克。煎汁洗患部。

方12　狼毒50克,生巴豆10克,共研细末,加食油300毫升,混匀,涂抹患部。

方13　蛇床子、芫花各等份,共为细末,与猪油按2∶1调成药膏,装入纱布袋内备用。治疗时用微火烤药袋,油漏纱布孔外时,立即擦患部。每日分片涂擦,每片3日擦1次,3次后停药。治马、骡疥癣。

方14　百部研末,加5倍食用油装入沙锅,炉火煮沸后,晾凉外涂。每日1次,连用3~8次。治马疥癣。

方15 炮药(做鞭炮的黑色药面)、猪油各等份,捶打成膏,涂于患处。隔日1次,连涂5~7次。

方16 硫磺1份,青黛2份,石膏3份。用阉公猪油调药末涂患部。

方17 打破碗花(别名羊角拗)适量,洗净泥沙,加水1倍煎煮,沸后续煎半小时,取滤液备用。患部剪毛、除痂后用药水洗匀洗透,隔日1次,连洗2~3次。

方18 棉籽油300毫升,百草霜100克。调成糊状,涂擦患部,每日1次,连涂3~5次。治牛疥癣。

方19 将牛胎衣切成小块,置瓦上用文火焙成黄色,研为细粉,以适量植物油调成稀糊状,涂敷患部,每日1次,连用2~3次。治犊牛疥癣。

方20 生石灰2份,清水5份拌匀,10分钟后取上清液加入鲜青蒿1份,反复揉搓,使石灰水变为淡绿色后,取此青蒿渣石灰水一起涂擦患部。隔天用药1次,轻者用1~2次,重者连用5次。治牛猪疥癣。

方21 曼陀罗根皮500克切成薄片,放入生菜油1升中浸泡8小时,然后置锅内微火煎炸,直到药片炸成黄黑色,滤出药片,加入白蜡250克熔化,药液呈糊状,凉后装瓶备用,保存期1年。用时涂患部后盖塑料薄膜,绳索捆紧,半小时后揭膜。每日处理1次,共1~2次。

方22 烟叶250克,放入2升水中浸泡24小时弃渣,加入雄黄60克混合均匀,涂擦患部。每日1次,连用3~4次。治牛、羊疥癣。

方23 蜈蚣0.7~1.6克,焙干研末,拌入猪食喂之,每日1剂,连用3剂。治猪疥癣。

方24 塘底污泥涂患部及周围,每日1次至愈。治猪疥癣。

方 25　鲜松针微火焙干,研为细末,用菜油调拌成黏液状,分区分片擦患部。

方 26　狼毒 500 克,加白酒 500 毫升浸泡,取液外擦患部。治猪疥癣。

方 27　鲜桃叶 500 克捣烂,与煤油 250 克和匀涂患部。每日 1～2 次,连涂 2～3 日。治猪疥癣。

方 28　豆油 500 毫升,溶入食盐 50 克。外涂疥癣处,治各种家畜疥癣。

方 29　鲜韭菜 300～500 克,洗净晾干水汽后捣碎,绞汁涂擦患部。治各种家畜疥癣。

方 30　生石灰 15 千克,升华硫磺 12.5 千克。加水 20 升煮沸后,将上清液过滤,滤液内再加入热水 20 升,待温度至 40℃～35℃时药浴(绵羊浴前应先剪毛),共 3 次(第一、第七、第三十四日),每次 1～3 分钟。耗损的药液应随时补足。患畜浴前 8 小时禁食,给足饮水,须在暖和的晴天中午药浴,妊娠 2 个月以上者禁浴。

方 31　大蒜 40 克捣烂加常水 1 升搅匀,取上清液与硫磺 30 克、煤油 50 毫升(10 头仔猪量)充分混合后涂擦患部。

以下为治兔螨病方:

方 32　食醋,500 毫升,烟叶 50 克,混合煮沸 10～15 分钟。涂擦患部,每日 2～3 次。

方 33　鲜百部 100～150 克切碎,加 60°白酒 100 毫升浸泡 1 周,去渣涂擦患部。

方 34　苦楝根皮烧成炭,研末拌猪油或凡士林,涂擦患处。

方 35　大枫子 1 份,硫磺 1 份,百草霜 2 份,混合研末,加菜籽油或花生油调成糊状,涂抹患处。

方 36　花生油 70 克,红辣椒粉 4 克,炸成红色辣椒油,涂擦患处。

方 37　硫磺粉(升华硫磺粉)加植物油调成薄浆糊状备用。先用消毒液或肥皂水将耳内的癣痂润湿,彻底去除,然后洗净,吸干。取药糊满满地灌入耳内,严重的隔几日再治 1 次。

方 38　豆油 100 毫升煮沸,随后把雄黄 20 克加入油内,搅拌均匀,按上法注入耳内。每 2 日 1 次,2～3 次即愈。

方 39　大蒜捣汁,泡白酒外擦。

方 40　幼兔患病,可剪净毛后用碱粉擦患处,连擦几日即愈。

方 41　硫磺 25 份,猪油 100 份,制成软膏,每周 1 次涂于患部。

方 42　鲜核桃果外层青皮,捣汁涂擦患部。

方 43　烟叶在倍量食醋中泡 1 周后,取醋擦患部。

七、体　虱

【病　因】　虱是家畜身上的外寄生虫,在毛上产卵,3～4 周变成成虫。

【症　状】　虱寄生在耳后、颈下及肢的内侧较多。虱有锋利的口器,吸血,寄生严重时可使皮肤发痒,病畜禽焦躁不安,饮食欲均受影响。摩擦时使局部皮肤发生炎症、脱毛、变粗厚、结痂等。病畜禽逐渐消瘦贫血,生长发育迟缓。

【治　疗】　可选用下列处方:

方 1　用浓盐水涂擦有虱部分。

方 2　百部 62 克,浸 1 升白酒中 24 小时后,滤出百部渣,用滤液涂擦患部。

方 3　烟叶 155 克,麻油 500 克,共炖热擦。

方 4　鲜核桃叶捣成糊状,擦有虱处。

方 5　烟叶 1 份,水 10 份,煮成汁,温涂有虱处,每日 1 次。

方 6　百部根、雷丸各等份,煎汁洗擦患部。

方 7　鲜桃树叶捣成糊状与棉籽油混合涂擦有虱处。

方8　食盐50克,溶于100毫升温水中,再加煤油500毫升,振荡均匀,涂擦体表。

方9　百部200克,加水1升,煮沸30分钟,凉后涂擦。治畜禽体虱。

方10　鱼藤粉(别名毒鱼藤、莨藤)3克,肥皂粉2克。加水100毫升,混合振荡成乳剂,外擦虱部,防止药液入眼。

方11　胡麻油适量,在虱子寄生部位分片涂抹。治猪虱。

方12　地瓜粉20克,肥皂粉3克,水100毫升。将药混合,振荡成乳剂,外擦虱部。防止药液入眼。治猪虱。

方13　白杨树皮、桃树皮各3份,煎浓汁,加煤油1份,涂擦患部。

方14　硫磺粉、烟草粉各等量,混合后涂擦患部。治兔虱。

方15　花椒3克,曼陀罗30克,百部24克,加水适量,煎2次,药汁混合后用药棉蘸药水刷病禽寄生部位的皮肤和羽毛。

方16　除虫菊1份,白陶土4份,混合研细。用时以纸或布蘸药粉撒布于鸡的翅膀腋下。

方17　吴茱萸少许,水煎汁,放凉后给病禽洗浴,可杀死羽虱。

八、球虫病

【病　因】　球虫病的病原体是胞子虫纲球虫目艾美耳球虫科中的各种营寄生生活的球虫。对兔、鸡及牛的危害较严重,幼龄的更为严重。

【症　状】　兔球虫病有肠球虫和肝球虫2种。肠球虫主要侵害20~60日龄仔兔,多呈急性经过,死亡很快,拖延不死的病兔食欲差,腹部饱胀,腹泻、贫血。肝球虫多发生于幼兔,肝脏肿大,肝区触痛,有腹水,被毛无光泽,眼球发紫,结膜苍白,消瘦,出现腹泻时很快死亡。

鸡球虫急性病例精神不振,羽毛蓬松,缩颈呆立,严重腹泻,排出带血稀粪,甚至含大量血液。鸡冠苍白,食欲不佳,嗉囊常有积食。大多数病雏发病后6～10日内死亡,死亡率可达50%。

【治　疗】 可选用下列处方:

方1　硫磺粉拌于饲料内,治疗量为饲料量的2%,预防量为1%。一般只喂2～3日。适用于兔及家禽球虫病。

方2　烟叶1份加水100份浸泡1昼夜,再煮沸30分钟,凉后供兔、鸡饮用。连续饮20日。

方3　大蒜1份,洋葱4份,切碎拌入饲料中分2次喂。大兔每日50克,小兔每日10克,连喂3～5日。

方4　常山0.3～0.6克,兔每日喂服1次,连喂3～5日。

方5　青蒿(别名臭蒿、黄花蒿)3～9克,研末喂服。治兔球虫病。

方6　大蒜捣泥取汁,用注射器抽3～5毫升注入兔直肠内。注完后提高兔后躯,用手拍打腰背部。治兔球虫病。

方7　墨旱莲、苦参各等量,水煎汁或研末,每只鸡1～3克。治鸡球虫病。

九、家禽绦虫病

【病　因】 家禽绦虫是一种寄生在鸡小肠内的一种白色、扁平、分节的带状绦虫。小的1～2厘米,大的20～24厘米长。鸡吃了体内带有绦虫幼虫的甲虫等可患病。

【症　状】 病禽腹泻,粪便带血并有绦虫节片。食欲消失,喜饮水,精神委顿。

【治　疗】 可选用下列处方:

方1　槟榔末,灌服,鸡、鸭每只1～2克。

方2　南瓜子粉,每只鹅20～50克,集体喂给或自由采食。喂前南瓜子需煮沸1小时脱脂。

方 3 石榴皮 100 克，槟榔 100 克，加水 1 升，煮沸 1 小时，煎至约 0.8 升。20 日龄幼鸭 1 毫升，30 日龄 1.5 毫升，30 日龄以上 2 毫升，混入饲料中喂，2 日内喂完。

方 4 向成年鸡嗉囊内注射或灌服汽油 1～3 毫升。

方 5 石榴皮 1 份，槟榔 2 份，雷丸 1 份，共研细末。每只鸡每次 2～3 克，每日早晨喂 1 次，共 2～3 次。

方 6 雷丸 4.8 克，加入 31 毫升食醋中，干后研细，每只鸡 0.3～1.2 克。空嗉服。

方 7 烟叶 100 克，加水 500 毫升煎至 100 毫升，候凉备用。每只鸡喂 4 毫升，投药前停食半天，服药后 3 小时给食。间隔 1 周后再喂药 1 次。

方 8 雷丸（选个大坚实白色者）10 克，巴豆霜（巴豆去壳后用烧热的新砖夹碎、吸尽油）0.2 克，与芝麻 100 克共同捣均匀，为 10 只鸡 1 次量。早晨空腹时逐只喂服，避免多食中毒。

第十一章 解毒用土偏方

一、醉马草中毒

【病　因】　醉马草是多年生禾本科植物,分布在宁夏、西藏、新疆、山东、浙江等地,其有毒成分可能是 1 种或多种生物碱。各种家畜误食后都可以引起中毒。

【症　状】　家畜中毒后口吐白沫,精神委顿,腹胀,食欲减退或停食,步行不正,走路如醉。体温多升高,有时倒地不能立起,呈昏睡状。如刺伤角膜时则可失明。皮肤刺伤处,有血斑、水肿、硬结或形成脓疡。一般经 24～46 小时恢复,少数因极度衰竭而死亡。慢性者逐渐消瘦,精神恍惚。

【治　疗】　加强护理,单独多喂糜草、胡萝卜,灌绿豆汤等帮助排毒解毒。中草药治疗可选用下列处方:

方 1　食醋 0.5～1 升。大畜 1 次内服,羊、猪服此量的 1/3～1/2。

方 2　酸奶子 0.8～1.5 升。大畜 1 次灌服,羊用此量的 1/5。

方 3　酸菜水 1～1.8 升。牛 1 次灌服,羊用此量的 1/10～1/8。

方 4　食盐 185 克,水 1 升,混合溶化。大畜 1 次灌服,羊服此量的 1/5～1/4。

方 5　甘草 10 克,煎汁适量,加食醋 250 毫升,混合。羊 1 次灌服,大畜用此量的 5 倍。

方 6　食盐 40 克,乌梅 30 克,甘草 100 克,共煎汁 2 升。羊每日分 2 次内服。

方 7　绿豆粉浆渣 1 碗,山楂 50 克研末,加水适量煎沸,候凉。大畜 1 次灌服。

方8　白酒100~250毫升,加水适量内服。

二、毒芹中毒

【病　因】　毒芹又叫野芹菜,分布于河北、内蒙古及东北等地。毒芹有毒物质是毒芹碱,伪羟基毒芹碱及甲基毒芹碱。马、牛及羊误食毒芹的任何部分,都能引起中毒。

【症　状】　病畜兴奋不安,阵发强直性痉挛,倒地,头向后仰,瞳孔散大,牙关紧闭,腹部皮肤有紫色斑点,步态不稳。反刍停止,口流涎,连发嗳气,呕吐,腹泻,腹痛,臌胀。脉搏快,呼吸促迫。后期体温下降,常因呼吸中枢麻痹而死亡。

【治　疗】　中草药治疗可选择试用下列处方:

方1　生甘草100克,绿豆150克,共煎汤1.5升。羊每日分3次内服。

方2　茄子250克,木炭末50克捣碎混匀,沸水冲调,候温。羊1次内服。

方3　白矾、食盐各120克,共研末,沸水冲化,候温。大畜1次内服。

方4　萝卜、绿豆各500克,加水煎汤至豆烂离火,候温。大畜1次内服。

方5　白矾、食盐各15克,金银花、甘草各30克,煎汁适量。成年羊1次内服。

方6　豆浆或牛奶200~500毫升,1次内服。

三、青杠树(栎树)叶中毒

【病　因】　青杠树叶有毒。牛及羊易感外,马属动物也可发生中毒。中毒成分目前不清楚,可能与本植物含多量鞣酸(10%左右)有关。

【症　状】　一般家畜在采食青杠树叶后数天至1周发病。开始食欲反常,很快就伴发腹痛综合征:表现为磨牙、不安、后退、后坐、回头顾腹等症状;粪干结而夹杂多量黏液。体躯下垂部位发生局限性皮下水肿,体腔积水。病程长短不一,多在出现临床症状后的第二周死亡。

【治　疗】　可试用下列处方:

方 1　鲜车前草(切细)250 克,鸡蛋(去壳)10 个,蜂蜜 250 克,菜油 300～600 毫升,混水适量调匀。牛 1 次灌服,连用 2～3 剂。

方 2　薤白(捣烂)250 克,菜油 100 克,调匀牛 1 次灌服。

方 3　酸菜水 1～2 升,大蒜(捣泥)30～70 克,调匀灌服。

方 4　烟叶 100～150 克,苦参、半夏各 50 克,上药切细加水煮沸 1.5 小时,取液 500 毫升候温,与胡麻油(250 克)、石灰水混合灌服。

方 5　大蒜(捣泥)100～200 克,胡麻油 300～500 克,混合均匀。牛 1 次灌服。

方 6　氢氧化钙 3 克,加水 1 000 毫升,调匀静置后取上清液内服。

四、羊踯躅中毒

【病　因】　羊踯躅为杜鹃花科杜鹃花属植物,黄花杜鹃的花、果实、根。多生于山坡,系落叶灌木。含棍木毒素、杜鹃花素、石楠素等。花、果、根均有毒。

【症　状】　牛、羊采食后 4～5 小时发病,首先表现为流涎(泡沫状),呕吐,精神稍差,步态不稳,严重者四肢麻痹,腹痛,呼吸促迫,最后由于呼吸麻痹而死亡。

【治疗】　中毒时可用阿托品解救。可试用下列处方治疗:

方 1　绿豆 200～500 克,金银花 60～150 克,葛根 100～300 克。共煎汤牛 1 次灌服。

方2　鲜松针1300～1500克。水煎灌服。日服2次，直至痊愈。治牛、羊闹羊花中毒。

五、亚硝酸盐中毒

【病　因】　亚硝酸盐中毒实质上是由亚硝酸盐引起的一种高铁血红蛋白血症。猪最多发，牛次之。青绿饲料中，如烂白菜、甜草等都含有硝酸盐。用作猪的饲料时，如果煮后盖着锅盖焖的时间过长，在细菌的作用下，硝酸盐被还原成亚硝酸盐，其能使血红蛋白变为高铁血红蛋白，妨碍呼吸功能而引起中毒。

【症　状】　多见于猪和牛。常在吃了调制不当的饲料后马上发病，病畜发抖，痉挛，走路不稳，有时转圈。口吐白沫，呼吸急促，腹痛，可视黏膜及皮肤初期苍白，后期呈蓝紫色，瞳孔散大。四肢和耳根发凉，体温下降，剪耳或断尾不流血或流少量黑紫色血。牛常发生臌胀，重者倒地，痉挛，四肢不断划动。发病急，死亡快。

【治　疗】　中草药治疗可选用下列处方：
方1　患病后立即剪耳、断尾放血，并用冷水淋头。
方2　绿豆500克，加水适量，共捣成浆，加菜油或胡麻油120毫升。猪1次内服。
方3　石灰面50克。加水1升，化开后取上清液500毫升。猪1次内服。
方4　雄黄2克，大蒜1头，捣碎，沸水冲调。猪1次内服。
方5　牛奶500克，与3个鸡蛋的蛋清混合。猪1次内服。
方6　绿豆100克，甘草60克，煎汁适量。猪1次内服，牛用6倍量。
方7　糯稻草灰500克，沸水浸泡，滤汁去渣。猪1次内服。
方8　老腌菜水500毫升，猪1次灌服。
方9　十滴水（由樟脑、干姜、大黄、小茴香、肉桂、辣椒、桉油组成，辅料酒精）。按50千克体重用4支，猪1次灌服。

六、氢氰酸中毒

【病　因】　本病是由于吃了氰化物和含有氰苷的植物而引起的急性中毒。如高粱和玉米幼苗，亚麻叶及亚麻饼等。

【症　状】　食后突然发病，病初兴奋不安，流涎，精神不振，腹痛，心跳加快，张嘴伸颈，呼吸困难，可视黏膜及皮肤呈青紫色。后期黏膜及皮肤发白，瞳孔散大，四肢强直性痉挛，心力衰竭，很快死亡。死后尸体长期不腐败，血液凝固不良，呈鲜红色。气管、支气管黏膜有出血点，口腔内有带血的泡沫。

【治　疗】　中草药治疗可选用下列处方：

方1　金银花70克，菊花65克，蒲公英25克，紫花地丁20克，甘草60克，共研末，沸水冲调。羊、猪每日分2次内服，大畜1次内服。

方2　金银花60克，绿豆500克，加水3升煎汤2升。连渣给牛内服。

方3　绿豆250克，铁锈（氧化铁）6克，甘草65克，加水煎汤适量。猪、羊1次内服。

方4　汉防己30克，白糖100克，共煎汁适量。羊1次内服。

方5　甘草100～200克，金银花30～60克，加水适量煎沸，和绿豆（磨浆）300～500克，加3～7个鸡蛋的蛋清，大畜1次灌服。

方6　陈麦糠100～200克，水煎。羊1次灌服。

七、食盐中毒

【病　因】　主要是长期用酱渣、咸菜、咸鱼粉等饲料喂猪引起中毒。各种家畜对食盐的中毒量是：马为1 000～1 500克，牛为1 500～3 000克，猪、羊为100～150克，狗20～30克，鸡2～4克。

【症　状】　病畜极度口渴，口流白沫，呕吐，黏膜潮红，瞳孔散大,腹痛腹泻。牛主要表现消化紊乱,粪中有黏液和血液,不吃不反刍,多尿及四肢麻痹,鼻流清涕。猪除上述症状外,主要表现神经症状,衰弱,肌肉发抖,磨牙,心跳快,呼吸困难,昏迷甚至死亡。

【治　疗】　可选用下列处方:

方1　茶叶30克,菊花35克,煎汁适量,候温。猪1次内服,每日2次,连服数天。治食盐中毒心脏衰弱。

方2　萹蓄、瞿麦各60克,煎汁适量。猪1次内服。

方3　豆油60～120毫升,烧沸候温,加白糖150克,调匀。猪1次内服。

方4　食醋1.5升。大畜1次内服,猪、羊酌减。

方5　白糖300克,水0.5～1升,混合溶化。大畜1次内服,猪、羊酌减。

方6　胆矾0.5～1克,沸水300毫升溶化,候温。成年猪1次内服。

方7　甘草30～60克,绿豆120～250克,水煎候温。供羊、猪饮服。

方8　蓖麻油,牛400～500克,羊、猪50～100克,1次内服。另用温水反复灌肠。

方9　茶叶30～60克,车前草200～500克,马齿苋300～600克。加水适量,煎汁,成年猪1次内服。

方10　茶叶30～70克,葛根40～100克。煎汁,成年猪1次内服。

方11　生萝卜叶切碎挤汁,猪1次灌服200毫升。

方12　食油100毫升内服,半小时后再服食醋50毫升。以上为30千克体重小猪量。

方13　食醋、酒各50～100毫升。成年猪1次内服。

方14　甘草500克,加常水2升,煎煮40分钟,候温加入食醋200毫升。成年猪每次灌服500毫升,每日1次,连服2天。

方15　绿豆400～500克,加水煎煮30分钟。马、牛连汤一并1次灌服。猪、羊灌服全量的1/5。

八、酒糟中毒

【病　因】　酒糟发霉和酸败后,产生游离酸、杂醇油、酒精和霉菌毒素等有毒物质,用这样的酒糟喂猪、喂牛,可能引起中毒。

【症　状】　病畜精神不振,食欲欠佳,体温升高,皮肤青紫,体表有皮疹,呈顽固性胃肠炎,先便秘后腹泻,四肢麻痹,卧地不起,有的兴奋不安。严重病畜呼吸困难,皮肤肿胀、坏死。妊娠母猪常发生流产。

【治　疗】　可选择试用下列处方:

方1　白糖500克,水冲化。牛1次内服,猪用此量的1/8～1/5。

方2　天花粉12克,葛根12克,金银花15克,煎汤适量,加蜂蜜60克调化,候温。成年猪1次内服,马、牛用5～8倍量。

方3　小苏打35克,水3升,溶化。大畜徐徐灌服或灌肠,猪用此量的1/6。

方4　黑豆65克,加水适量煎汁。猪1次内服。

方5　米醋50毫升,白糖30克,沸水适量冲调,候温。羊1次灌服。

方6　鲜葛根榨汁,牛1次500～800毫升,猪1次100～200毫升灌服。

九、发霉饲料中毒

【病　因】　在腐烂发霉的饲料中含有许多霉菌,如曲霉菌、青霉菌、白霉菌等具有不同程度的毒性,家畜吃了霉败的饲料就可以引起本病。多见于牛和马、骡。

【症　状】　主要症状为急性胃肠炎和神经紊乱。首先出现精神不振,消化不良,肠鸣如雷,粪便稀软或呈粥样,并且常混合黏液和血液,有时发生疝痛。体温、脉搏、呼吸多无变化,口腔糜烂或溃疡,流涎,牛的鼻镜干燥,发生臌胀,泌乳停止。有时也出现皮疹和蹄炎。

【治　疗】 选择试用下列处方:

方1　芒硝 150 克,苏打 100 克,食盐 60 克,沸水冲调,候温。大畜 1 次灌服。用于中毒初期。

方2　每日多次用 1% 的温食盐水灌肠。

方3　甘草 250 克,绿豆 200 克,木炭末 100 克,共研末,沸水冲调,候温。牛 1 次灌服。

方4　芫花、大戟、甘遂各 50 克,芒硝、滑石各 250 克,共为细末,沸水冲调,候温。大畜 1 次灌服,中小畜酌减,忌盐百日。本方适用于霉草料中毒引起的臌胀。

方5　金银花 50~120 克,黄连 20~30 克,蒲公英 50~150 克,共为末,沸水冲调,候温加入生麻油 200~500 毫升。大畜 1 次灌服。

方6　连翘 25~70 克,金银花 30~80 克,绿豆 100 克,甘草 20 克,共为末,沸水调。大畜 1 次灌服。

方7　豆浆 5 升,大畜 1 次内服。治霉玉米中毒。

方8　白胡椒 20~30 克,白酒 200~300 毫升。牛 1 次灌服。治霉稻草中毒。病初对肿胀患肢热敷、按摩。

方9　白糖 300~600 克,胡麻油 300~500 毫升,鸭蛋(去壳)5~12 个,泡菜盐水 100~250 毫升,加水 1~2 升,调匀后大畜 1 次灌服,每日 1 剂,连服 2 剂。治霉稻草中毒。

方10　茶叶 20~30 克,甘草 10~15 克,煎汁,然后加大蒜秆80~100 克、生青蒿 70~100 克煎沸 3~5 分钟,将药汁与生石灰水(生石灰 200~400 克,对水 2~4 升,搅匀取澄清液备用)混合灌服。治牛霉稻草中毒。患肢肿胀溃烂的,用雄黄、大黄各 32 克,天南星 16 克,大蒜 30 克,混合捣烂加少量白酒包敷患部。

十、黑斑病甘薯中毒

【病　因】　黑斑病甘薯中毒因吃了带有黑斑的甘薯或甘薯叶茎所引起。主要发生牛,羊少见,猪亦有发生。

【症　状】　主要特征为呼吸困难,急性肺水肿及间质性肺气肿,后期引起皮下气肿。牛中毒多突然发生,表现精神沉郁,肌肉震颤,食欲及反刍减退,粪便干燥带血,最后痉挛而死。俗称"牛喘病"或"喷气病"。

【治　疗】　可试用下列处方:

方 1　芒硝 200～500 克,加水 1.5～4 升,大牛 1 次灌服。

方 2　木炭末 50～100 克,加水给大牛灌服。过一定时间待木炭末吸附毒物后,再用芒硝 200～500 克,溶于 2～5 升微温水中,大牛 1 次灌服。

方 3　鲜水菖蒲 2 千克捣烂,水煎取汁,大牛每日分 2 次灌服。日服 1 剂,连服 3～4 天。

方 4　水菖蒲 0.5～1 千克(鲜品用 2 千克),地龙 100 克,水煎去渣,候温,大牛 1 次灌服。

方 5　石菖蒲、鱼腥草各 100 克,共切细或捣烂,用淘米水大牛 1 次灌服。日服 2 剂,早、晚各 1 次,连用 3 天。

方 6　鲜石灰 200～300 克,加入 2～3 升水中搅匀,取上清液与鲜水菖蒲根(捣泥)500 克混合,大牛 1 次灌服。

方 7　金银花 70～150 克,生石膏 100～200 克,樟树根 50～100 克,甘草 15～30 克,共水煎取汁;绿豆 300～500 克,磨成豆浆,混合供大牛 1 次灌服。

方 8　茶叶 200～250 克,捣碎,加水煎煮。大牛连渣 1 次灌服。

方 9　食盐 50 克,黄泥 500 克,盐蒜、豆豉各 300～500 克,灯心草 30～60 克,水适量。将食盐和入黄泥中做成 10 个泥丸,置火中烧红后投入灯心草、豆豉、盐蒜所熬制的药水中,去其渣及泥丸,取汁灌服。牛每日 2 次,2 日服完。

方 10　黄土、生石灰各 500 克(200 千克体重的药量),分别加水 5 升搅匀澄清,取上清液混合,大牛 1 次灌服。然后用 100 克绿豆磨成浆(不煮)灌服。

方 11　生姜(捣泥)、红糖各 250 克,加温水适量。大牛 1 次灌服。

十一、有机氯农药中毒

【病　因】　有机氯杀虫剂,曾在农业和医药卫生上广泛用作杀灭田间害虫及蚊、蝇、臭虫、虱子等,家畜误食可发生中毒。

【症　状】　病畜主要表现为神经系统和胃肠道受侵害的病变。食欲停止,流涎,出汗,全身震颤,呼吸促迫,痉挛。后肢或四肢麻痹。呕吐,腹泻,尿少、带棕红色。严重者结膜呈蓝紫色,瞳孔散大,口吐白沫。

【治　疗】　首先应防止有毒物质继续被吸收,将沾染滴滴涕、六六六等有机氯杀虫剂的皮肤,用肥皂水洗净;经口中毒者可用 1‰食盐水洗胃,加强护理。可选用下列处方:

方 1　绿豆面 500～1 000 克,甘草末 30～65 克,白糖 300～500 克,沸水冲调,候温。大畜 1 次内服。

方 2　甘草 75 克,金银花 35 克,共研末,沸水冲调。羊 1 次内服。

方 3　防风 35 克,甘草 40 克,研末。给猪 1 次混饲。

方 4　白糖 500 克,鸡蛋 10 个,水 1 升调匀。大畜 1 次内服。

方 5　熟石灰 100 克,凉开水 1.5 升,混合溶解后,取上清液。大畜内服。

方 6　鸡蛋 500 克,绿豆 1 千克,共同捣烂,加水适量调匀。

大畜 1 次内服。

方 7　当归 93 克,大黄、白矾各 31 克,甘草 16 克,水煎汁,候温。大畜 1 次内服。

方 8　生绿豆面 500 克,加水调成糊状,与鸡蛋 10 个(用蛋清)、300 克白糖混合。大畜 1 次灌服。

方 9　鲜苦瓜叶 500 克,捣烂呈糊状,大牛用 1/5 内服,4/5 涂擦畜体接触有机氯杀虫药的皮肤。日服药 2 次,擦数次。

方 10　甘草 70 克研末,与芭蕉汁 250 克混合。大畜 1 次灌服。

方 11　病禽有机氯农药中毒可内服石灰水(石灰 3 克,凉水 1 升,搅拌溶解,取用上清液)。此方也适用尿素中毒。

十二、砷中毒

【病因】　三氧化二砷(砒霜)、亚砷酸钠、砷酸钙及砷酸铅等,都是常用的含砷农药。采食农药喷洒过的农作物;或偷吃用砒霜拌的种子,均可引起中毒。

【症状】　食欲减退,腹泻,有时粪便混有血液。可视黏膜充血,齿龈呈暗黑色。瞳孔散大,精神沉郁,四肢无力。初期体温上升,其后下降,心悸亢进,呼吸困难而促迫。

【治疗】　可试用下列处方:

方 1　防风 60～150 克,研成细末,大畜凉水冲服。

方 2　绿豆 300～500 克,甘草 30～60 克,同煎汁,大畜 1 次灌服。

方 3　鸡蛋 10～20 个(用蛋清),大畜 1 次灌服。

方 4　牛奶或豆浆 0.5～2 升,加水适量,大畜 1 次灌服。

方 5　防风、金银花各 100～250 克,研末,加水适量。大畜 1 次灌服。

方 6　小苏打 50～200 克,加多量水,大畜 1 次灌服。

方7 滑石粉100~250克，甘草60~200克，大畜加水投服。

方8 鸡蛋10~15个（用蛋清），白糖150~300克，大畜加水投服。

方9 防风100~200克，加水煎煮，去渣，加入青黛50~100克，候温再加8~12个鸡蛋的蛋清。大畜1次灌服。

十三、汞中毒

【病　因】 汞中毒是由于误食毒饵及用农药醋酸苯汞（赛力散）、氯化乙基汞（西力生）、富民隆、升汞等处理的种子，以及长时间应用汞剂治疗而引起中毒。牛、羊对汞最敏感。

【症　状】 病畜发生溃烂口炎及胃肠炎，流涎，呕吐，腹泻，疝痛。呕吐物和粪便中混有血液及黏液。牙齿松脱，颌骨坏疽，唾液腺肿胀。血行障碍，虚脱乃至死亡。体温初升高，而后下降。

【治　疗】 试用下列处方：

方1 牛奶或豆浆0.5~2升，大畜1次灌服。

方2 木炭末50~100克，大畜加水灌服。

方3 鸡蛋10~20个（用蛋清），大畜加水拌匀后灌服。

方4 升华硫磺研末，加水1次灌服。马、牛20~50克，猪、羊5~10克。

方5 亚麻仁油300~500毫升，大畜1次灌服。

方6 牛奶500~1000毫升，氧化镁25~50克，混合给大畜1次灌服。

十四、有机磷农药中毒

【病　因】 因误食或接触喷洒过农药[1605（对硫磷）、1059（内吸磷）、3911（甲拌磷）、乐果、敌百虫、敌敌畏、二溴磷、马拉硫磷等]的青草、蔬菜和其他农作物，而引起中毒。

【症　状】 中毒后，出现恶心、呕吐症状，全身无力。严重者大出汗,吐白沫,躁动不安。皮肤苍白,呼吸困难。瞳孔缩小,全身抽搐,昏迷不醒,粪尿失禁,最后死亡。

【治　疗】 可选用下列处方:

方1　甘草、滑石各120克,白矾70克,绿豆250克,共研末。加水适量,大畜1次调服。

方2　甘草70～150克,绿豆300～500克。共研末,沸水冲调候温,牛1次灌服。

方3　甘草100～200克,鸡蛋10个(用蛋清),食油300～500毫升。大畜1次调服。

方4　绿豆(磨粉)300～500克,甘草末100～250克,滑石80～120克,白糖200～300克。上药混合,加水供大畜1次调服。

方5　金银花、甘草各100～200克,绿豆300～500克。共研末,沸水冲,大畜1次调服。

方6．仙人掌40～80克,捣碎加水,给猪1次调服。

方7　病禽可速灌2%胆矾溶液适量。

十五、磷化锌中毒

【病　因】 磷化锌主要毒杀鼠类,对灰鼠的致死量为3～5毫克,对其他动物和人的毒性也很大,其毒性是由于它在动物胃内与酸性物质作用,释放出磷化氢气体所致。

【症　状】 病畜误食磷化锌鼠药后,口腔黏膜和咽喉糜烂,口干舌燥,恶心,呕吐,随即昏倒,全身痉挛,不久麻痹或瘫痪,最后窒息死亡。

【治　疗】 中毒期间多次饮水,并用微温肥皂水灌肠2～3次,并可试用下列处方:

方1　芒硝300～500克,加水3～5升,大畜1次调灌。

方2　食油300～500毫升,大畜1次灌服。

方3　仙人掌50克,捣碎后加水适量。猪1次灌服。

方4　白矾加水适量,1次灌服。大畜20～50克,羊、猪8～15克。

十六、蛇毒中毒

【病　因】　我国的毒蛇约有50种,毒性猛烈的有金环蛇、银环蛇、眼镜蛇、竹叶青、蝰蛇、蝮蛇、五步蛇等10种。多分布在长江以南,长江以北只有蝰蛇、蝮蛇及龟壳花蛇等。多数在放牧时被咬伤而引起中毒。

【症　状】　咬伤局部迅速肿胀、发红,很快蔓延全肢。呼吸促迫,脉搏频数,呻吟,全身战栗或痉挛。四肢麻痹不能起立。终因呼吸和心血管中枢神经麻痹而死亡。

【紧急处置】　尽快对咬伤部位进行绑扎(隔一定时间放松1次),随后用清水、凉开水、肥皂水、1∶5 000高锰酸钾水冲洗伤口。冲洗后用消毒小刀挑破伤口使毒液外流,伤口内如有毒牙应取出。若肢体有肿胀,经扩创后行压挤排毒,也可拔火罐抽吸毒液。在扩创的同时向创内和周围组织点状注射1%高锰酸钾水、1%过氧化氢溶液等1～2毫升。对咬伤部位进行烧烙。

【治　疗】　可选用下列处方:

方1　独角莲(别名鸡心白附、禹白附)根,加醋磨烂,涂于咬伤的局部四周,每日上、下午各涂1次。

方2　蜈蚣适量研末,加猪胆汁调匀,涂创面。

方3　雄黄1克,酒精100毫升,麝香(米粒大)1粒,七叶一枝花120克。首先,用三棱针乱刺肿胀的患部出黄水或出血,外擦1%的雄黄酒精。其次,将天门穴(牛在两耳根背侧连线正中、枕寰关节间的凹陷中,1穴)划破,在皮下埋植麝香,然后胶布固定,尾尖划破出血。再次,将七叶一枝花研细,1次灌服,连服3天。雄黄酒精每日擦3次。

方4　雄黄30克(研末),青黛60克,凉开水2.5升。先将青